普通高等教育"十三五"规划教材

安 全 原 理

（第 3 版）

陈宝智　张培红　主编

北 京

冶 金 工 业 出 版 社

2022

内 容 提 要

安全原理,即伤亡事故发生与预防原理,是安全科学的基础理论之一,是指导安全工作实践的基本理论。本书以事故致因理论为主线,论述了人的因素和物的因素的控制问题,现代安全管理的理论、原则和方法等,系统地介绍了指导安全工作的基本安全理论。全书共五章,主要内容包括事故致因理论、人失误与不安全行为、防止人失误与不安全行为、企业安全管理,以及现代安全管理等。

书中介绍了有代表性的安全理论、观点和国内外安全工作经验。理论联系实际,文字简练、通俗,适合作为高等学校安全工程专业教材,也可供相关科学领域的研究人员、工程技术人员及管理工作者阅读、参考。

图书在版编目(CIP)数据

安全原理/陈宝智,张培红主编. —3 版. —北京:冶金工业出版社,2016.7(2022.6 重印)

普通高等教育"十三五"规划教材

ISBN 978-7-5024-7274-0

Ⅰ.①安… Ⅱ.①陈… ②张… Ⅲ.①安全科学—高等学校—教材
Ⅳ.①X9

中国版本图书馆 CIP 数据核字(2016)第 162044 号

安全原理 (第 3 版)

出版发行 冶金工业出版社		**电 话** (010)64027926	
地 址 北京市东城区嵩祝院北巷 39 号		**邮 编** 100009	
网 址 www.mip1953.com		**电子信箱** service@mip1953.com	

责任编辑 郭冬艳 宋 良 美术编辑 吕欣童 版式设计 吕欣童 孙跃红
责任校对 郑 娟 责任印制 禹 蕊

三河市双峰印刷装订有限公司印刷

1995 年 5 月第 1 版;2002 年 9 月第 2 版;2016 年 7 月第 3 版,2022 年 6 月第 6 次印刷

710mm×1000mm 1/16;14 印张;270 千字;205 页

定价 29.00 元

投稿电话 (010)64027932 投稿信箱 tougao@cnmip.com.cn
营销中心电话 (010)64044283
冶金工业出版社天猫旗舰店 yjgycbs.tmall.com
(本书如有印装质量问题,本社营销中心负责退换)

第 3 版前言

安全原理，即伤亡事故发生与预防原理，是安全科学的基础理论之一，是指导安全工作实践的基本理论。

"安全原理"是安全工程专业学生的必修课，学生通过该课程的学习，可以了解安全科学的一些基本问题，如事故的本质是什么，事故为什么会发生，事故怎样发生和怎样防止事故发生等一系列理论与实际问题。

《安全原理》第二版出版已经过去 14 年了。这期间安全工程领域出现了许多新情况、新问题，人们在应对新情况、解决新问题的过程中努力实践、积极探索，对事故致因的认识不断深化，一些新的安全理论应运而生；特别是 2002 年我国《安全生产法》的颁布实施，使我国的安全生产工作走上了法制化轨道，2014 年修订后的《安全生产法》对安全生产工作又提出了新的要求，需要在课程中体现出来。

根据东北大学"安全原理"课程教学大纲的要求，综合作者多年的教学经验和学生、读者的建议，我们再次修订了本书。本次修订，在事故致因理论方面，增加了有关组织事故与组织失误、复杂社会技术系统事故模型等内容，相应地，在后面的章节中增加、调整了基于这些新事故致因理论的安全管理方面的内容；增加了我国安全生产法的有关内容；增加了作为现代安全管理手段之一的安全生产标准化方面的内容；更新了企业安全文化建设方面的内容等，使之既符合我国安全生产实际，又具有可操作性。

在本书编写过程中，参考、引用了国内外许多文献资料，得到了东北大学安全工程研究所李刚、林秀丽、苑春苗、徐晓虎、郭尹亮老师的热心帮助，在此对文献作者和热心关注、积极支持本书出版的朋友们表示衷心感谢。

感谢东北大学教材出版基金的支持。

由于作者水平有限，书中不妥之处，敬请批评指正。

作　者

2016 年 4 月

第 2 版前言

安全原理，即伤亡事故发生与预防原理，是安全科学的基础理论之一，是指导安全工作实践的基本理论。

安全科学是阐明事故发生、发展和预防规律的科学。"安全原理"是安全工程专业学生的必修课。学生们可通过该课程的学习，掌握安全科学的一些基本问题，如事故的本质是什么，事故为什么会发生，事故怎样发生和怎样防止事故发生等一系列理论与实际问题。

本书以事故致因理论为主线，从安全管理的角度阐述了危险源控制原则和人的行为控制的基本原理；综合心理学、行为科学和管理科学的有关理论，阐述了现代安全管理的理论、原则和方法，把表面上看起来纷乱无序的安全技术措施和安全管理措施贯穿起来，形成一个有机的整体。

多年来，《安全原理》被许多大专院校选作安全工程专业教材，也成了广大安全技术人员和安全管理人员学习安全科学理论的基本读物。国内许多安全工程讲习班、培训班以该书为教材；作者每年也多次应邀做以《安全原理》为基本内容的讲学、报告，普及安全科学理论知识，受到了听众的热烈欢迎。

根据东北大学"安全原理"课程教学大纲的要求，作者综合多年的教学经验和学生、读者的建议，对第 1 版《安全原理》（冶金工业出版社，1995 年版）进行了全面修订，使本书中作为课程主线的事故致因理论更加系统化；更加侧重了对人的因素控制的论述；增加了反映现代安全观念的安全文化、职业安全健康管理体系等内容，使之更加贴近当前安全工作实际。

　　编写过程中参考、引用了国内外许多文献资料，在此向这些文献资料的作者和热心关注、积极支持本书出版的朋友们表示衷心的感谢。

　　由于本人水平所限，书中不妥之处，敬请读者批评指正。

作　者

2002. 4

第1版前言

安全原理，即伤亡事故发生与预防原理，是安全科学的基础理论之一，是指导安全工作实践的基本理论。

近年来，安全科学在我国迅速发展，安全工作水平不断提高，令人欢欣鼓舞。同时也应该看到，关于安全工作基本理论的研究还比较薄弱，因而安全工作时而会表现出某种盲目性。安全工作需要科学理论的指导；广大安技人员创造的安全工作经验需要总结、提高，形成新的安全理论。

多年来我一直从事安全理论的教学和研究工作。1990年有幸获得高等学校博士学科点专项科研基金资助，以"伤亡事故控制机理的研究"为题，针对我国工业安全领域中的许多实际问题，系统地学习、研究了国内外著名的安全理论和安全工作实践经验，产生了一些新观点，并试图建立一种符合当前安全工作实际的理论体系。

本书以事故致因理论为主线，阐述了危险源控制的安全技术原则和人的行为控制的基本原理；综合心理学、行为科学和管理科学的有关理论，阐述了现代安全管理的理论、原则和方法，把表面上看起来纷乱无序的各种安全技术措施和安全管理措施贯穿起来，形成一个有机的整体。

书中在介绍一些代表性的安全理论、观点的同时，也介绍了一些成功的安全工作经验，努力使理论密切结合实际，便于读者理解和掌握。

本书编写过程中参考、引用了许多国内外文献资料，在此向它们的作者表示感谢。由于本人水平有限，书中谬误之处，敬请批评指正。

作　者
1994年12月于沈阳

目　　录

绪　　论

人类活动的各个领域几乎都涉及安全问题，诸如国家安全、金融安全和食品安全等，安全工程主要研究与事故有关的安全问题。

事故是在生产、生活过程中突然发生的，违背人们意愿的意外事件，事故造成进行中的活动暂时或永久停止，甚至带来人员伤亡、财产损失和环境污染的后果。相应地，安全工程的中心任务是事故预防，即防止事故发生，防止事故造成人员伤亡、财产损失和环境污染。人的生命健康是最宝贵的，安全工程尤其要防止可能带来人员伤亡的伤亡事故，特别是防止与生产有关的伤亡事故。

防止伤亡事故，首先必须弄清伤亡事故发生和预防原理，即安全原理。所谓安全原理，主要是阐明伤亡事故是怎样发生的，为什么会发生，以及如何采取措施防止伤亡事故发生的理论体系。它以伤亡事故为研究对象，探讨事故致因因素及其相互关系、事故致因因素控制等方面的问题。

事故致因因素包括物的因素和人的因素两个主要方面。事故致因中物的因素作为能量载体或能量意外释放的原因，表现为伤害人体的加害物或事故的起因物，一般在控制生产工艺过程的同时，必须控制其中的物的不安全因素。生产技术措施本身就包含了预防事故的功能，但是，以安全为目的安全技术与生产技术又有许多不同之处，遵循特殊的理论、原则，必须专门考虑。

在伤亡事故的发生和预防中，人的因素占有特殊的位置。一方面，人是事故中的受伤害者，保护人的生命和健康是安全工作的主要目的；另一方面，人又往往是事故的肇事者，在事故致因中人的不安全行为和人失误占有很大比重，即使是来自物的方面的原因，在物的不安全状态背后也隐藏着人类行为的失误。此外，人也是预防事故、搞好安全生产的生力军。因此，关于人的因素的研究是安全工程研究的重要内容。应根据与安全密切相关的人的生理、心理特征及行为规律，设计适合人员操作的工艺、设备、工具，创造适合人的特点的生产环境；在利用安全技术措施消除、控制不安全因素的同时，运用安全管理手段来规范、控制人的行为，激发广大职工搞好安全生产的积极性，提高企业抵御事故能力。

美国安全工程师协会（ASSE）规定安全工程师的工作范围是，根据识别、评价安全问题的严重程度所必需的有关学科的基本原理，收集、分析解决安全问题必不可少的资料，判断是否可能发生事故。他们根据收集到的资料运用专业知识和经验，为做最后决策的领导者提供解决问题的方案。安全工程师的具体工作有如下 4 个方面：

  （1）识别、评价事故发生的条件，评价事故的严重性；

  （2）研究防止事故、减少伤害或损失的方法、措施；

  （3）向有关人员传达有关事故的信息；

  （4）评价安全措施的效果，并为获得最佳效果做必要的改进。

  该协会认为，安全工程师应该掌握社会科学和自然科学两方面的知识，即为了评价不安全行为所需要的评价和分析原理，数学、统计学、物理、化学方面的基础知识及工科各领域的基本知识；关于行为、动机及信息领域的知识，组织管理和经营管理方面的知识。安全工程师的专业知识包括事故致因理论、控制事故致因因素的方法、步骤等方面。

  综上所述，安全原理是安全工程师必须掌握的专业知识之一。它从安全管理的角度来讲述伤亡事故发生与预防原理，并最后归结于安全管理的理论、原则和方法。

  防止伤亡事故，既是科学也是艺术。一起伤亡事故的发生往往是众多事故致因因素综合作用的结果，特别是人的因素的存在，使得问题更复杂了。对于同种伤亡事故，往往可以有若干种防范措施方案可供选择。实际工作中，要根据企业的具体情况，运用广博的科学知识和丰富的工作经验，灵活地采取对策，经济、有效地防止伤亡事故的发生。

1 事故致因理论

1.1 概　　述

为了防止事故，必须弄清事故为什么会发生，造成事故发生的原因因素——事故致因因素有哪些。在此基础上，研究如何通过消除、控制事故致因因素来防止事故发生。

事故是一种可能给人类带来不幸后果的意外事件。千百年来，人类主要是"从事故学习事故"，即根据事故发生后残留的关于事故的信息来分析、推论事故发生的原因及其过程。事故发生的随机性质，以及人们知识、经验的局限性，使得对事故发生机理的认识变得十分困难。

在科学技术落后的古代，人们往往把事故的发生看作是人类无法违抗的"天意"或"命中注定"而祈求神灵保佑。随着社会的发展、科学技术的进步，特别是工业革命以后工业事故频繁发生，人们在与各种工业事故斗争的实践中不断总结经验，探索事故发生规律，相继提出了阐明事故为什么会发生，事故是怎样发生的，以及如何防止事故发生的理论。由于这些理论着重解释事故发生的原因，以及针对事故致因因素如何采取措施防止事故，所以被称作事故致因理论。事故致因理论是指导事故预防工作的基本理论。

自工业革命以来，新技术、新能源不断出现，推动生产力不断前进。新技术、新能源带来了新的危险源和新的事故类型。人们必须采取相应的安全对策，控制新的危险源和防止新类型的事故，于是研究开发了新的安全技术，建立了新的安全理论，推动安全工程向纵深发展。

事故致因理论是一定生产力发展水平的产物。在生产力发展的不同阶段，生产过程中出现的安全问题不同，特别是随着生产方式的变化，人在生产过程中所处地位的变化，引起人们安全观念的变化，产生了反映安全观念变化的不同的事故致因理论。

本章讨论工业革命以来不同历史时期出现的事故致因理论。

1.1.1 早期事故致因理论

20世纪初，资本主义世界工业生产已经初具规模，蒸汽动力和电力驱动的机械取代了手工作坊中的手工工具。这些机械在设计时很少甚至根本不考虑操作的安全和方便，几乎没有安全防护装置。工人没有受过培训，操作很不熟练，加上长达 11~13h 以上的工作日，伤亡事故频繁发生。根据美国一份被称为"匹兹伯格调查"的报告，1909 年美国全国的工业死亡事故高达 3 万起，一些工厂的百万工时死亡率达到 150~200 人。根据美国宾夕法尼亚钢铁公司的资料，在 20 世纪初的 4 年间，该公司的 2200 名职工中竟有 1600 人在事故中受到了伤害。

面对广大工人群众的生命健康受到工业事故严重威胁的严峻情况，企业主的态度是消极的。他们说，"为了安全这类装门面的事，我没有钱"，"我手里的余钱也是做生意用的"。他们认为，"有些人就是容易出事，不管做什么，他们总是自己害自己"。

当时，世界各地的诉讼程序大同小异，只要能证明事故原因中有受伤害工人的过失，法庭总是袒护企业主。法庭判决的原则是，工人理应承受所从事的工作中通常可能发生的一切危险。

1919 年英国的格林伍德（M. Greenwood）和伍兹（H. H. Woods），对许多工厂里的伤亡事故数据中的事故发生次数按不同的统计分布进行了统计检验。结果发现，工人中的某些人较其他人更容易发生事故。从这种现象出发，后来法默（Farmer）等人提出了事故频发倾向的概念。所谓事故频发倾向（accident proneness），是指个别人容易发生事故的、稳定的、个人的内在倾向。根据这种理论，工厂中少数工人具有事故频发倾向，是事故频发倾向者，他们的存在是工业事故发生的主要原因。如果企业里减少了事故频发倾向者，就可以减少工业事故。因此，预防事故的基本措施是防止企业中有事故频发倾向者：一方面，通过严格的生理、心理检验等，从众多的求职人员中选择身体、智力、性格特征及动作特征等方面优秀的人才上岗；另一方面，一旦发现事故频发倾向者则将其解雇。显然，由优秀的人员组成的工厂是比较安全的。这种理论把事故的责任完全归究于出事故的工人，显然符合企业的利益。

海因里希（H. W. Heinrich）的工业安全理论是该时期的代表性理论。美国的安全工程师海因里希在 1931 年出版的《工业事故预防（Industrial Accident Prevention：A Scientific Approach）》一书中，阐述了根据当时的工业安全实践总结出来的所谓"工业安全公理（Axioms of Industrial Safety）"。

海因里希在工业安全公理中阐述了事故发生的因果连锁论，作为事故发生原因的人的因素与物的因素之间的关系问题，事故发生频率与伤害严重度之间关系问题，不安全行为的产生原因及预防措施，事故预防工作与企业其他管理机能之间的关系，进行事故预防工作的基本责任，以及安全与生产之间的关系等工业安全中最重要、最基本的问题。数十年来，该理论得到世界上许多国家广大事故预防工作者的赞同，作为他们从事事故预防工作的理论基础。尽管随着时代的前进，人们认识的深化，该"公理"中的一些观点已经不再是"自明之理"了，许多新观点、新理论相继问世，但是该理论中的许多内容仍然具有强大的生命力，对现今的事故预防工作有深刻的影响。

与事故频发倾向论相比，在海因里希的事故因果连锁论中，作为事故的直接原因除了人的不安全行为之外还有机械、物质（统称物）的不安全状态。物的不安全状态涉及劳动条件问题，防止事故还需要改善劳动条件，相应地企业也要承担一定的事故责任。但是，海因里希理论的进步很有限。他认为人的不安全行为是大多数工业事故的原因，进而把人的缺点归因于家族的遗传和成长的社会环境方面问题，表现出时代的局限性。

针对劳动者权益受到严重侵犯的状况，无产阶级革命导师恩格斯曾指出，"组织劳动，保护劳动，以使无产阶级利益不受资本势力的侵犯，这是共产主义原则"。

1.1.2　第二次世界大战后的事故致因理论

到第二次世界大战时期，已经出现了高速飞机、雷达和各种自动化机械等。为防止和减少飞机飞行事故而兴起的事故判定技术及人机工程等，对后来的工业事故预防产生了深刻的影响。

事故判定技术（critical incident technique）最初被用于确定军用飞机飞行事故原因的研究。研究人员用这种技术调查了飞行员在飞行操作中的心理学和人机工程学方面的问题，然后针对这些问题采取改进措施以防止发生操作失误。战后这项技术被广泛应用于国外的工业事故预防工作中，作为一种调查研究不安全行为和不安全状态的方法，使得不安全行为和不安全状态在引起事故之前被识别和被改正。

第二次世界大战期间使用的军用飞机速度快，战斗力强，但是它们的操纵装置和仪表非常复杂。飞机操纵装置和仪表的设计往往超出人的能力范围，或者容易引起驾驶员误操作而导致严重事故。为了防止飞行事故，飞行员要求改变那些看不清楚的仪表的位置，改变与人的能力不适合的操纵装置和操纵方法。这些要求推动了人机工程学的研究。

人机工程学（ergonomics）是研究如何使机械设备、工作环境适应人的生理、心理特征，使人员操作简便、准确、失误少、工作效率高的学问。人机工程学的兴起标志着工业生产中人与机械关系的重大变化：以前是按机械的特性训练工人，让工人满足机械的要求，工人是机械的奴隶和附庸；现在设计机械时要考虑人的特性，使机械适合人的操作。从事故致因的角度，机械设备、工作环境不符合人机工程学要求可能是引起人失误、导致事故的原因。

第二次世界大战后，科学技术飞跃进步。新技术、新工艺、新能源、新材料和新产品不断出现，与日俱增。这些新技术、新工艺、新能源、新材料和新产品在给工业生产和人们的生活面貌带来巨大变化的同时，也给人类带来了更多的危险。工业生产过程、机械设备越来越复杂，自动化的机械越来越多，相应地，由于机械设备出问题导致发生事故的情况越来越多。

战后，人们对所谓的事故频发倾向的概念提出了新的见解。一些研究表明，认为大多数工业事故是由事故频发倾向者引起的观念是错误的，有些人较另一些人容易发生事故，是与他们从事的作业有较高的危险性有关。越来越多的人认为，不能把事故的责任简单地说成是工人的不注意，应该同时注重机械的、物质的危险性质在事故致因中的重要地位。于是，出现了"事故遭遇论"和所谓的"轨迹交叉论"。

随着战后工业迅速发展带来的广泛就业，使得企业不能像战前那样进行"拔尖"的人员选择。除了极少数身心有问题的人之外，一般民众都有机会进入工业部门；工人运动的蓬勃发展，使得企业主不能随意地开除工人。这就使职工队伍素质发生了重大变化，也促使企业必须为劳动者提供安全的劳动条件。于是，在安全工作中开始强调实现生产过程、机械设备、劳动条件的安全，而先进的科学技术和经济实力为此提供了技术手段和物质基础。

能量意外释放论的出现是人们对伤亡事故发生的物理实质认识方面的一大飞跃。根据这种理论，事故是一种不正常的或不希望的能量释放，各种形式的能量构成伤害的直接原因。于是，应该通过控制能量，或控制作为能量达及人体媒介的能量载体来预防伤害事故。根据能量意外释放论，可以利用各种屏蔽来防止意外的能量释放。

1.1.3　系统安全与产品安全

20 世纪 50 年代以后，科学技术进步的一个显著特征是设备、工艺和产品越来越复杂。战略武器的研制、宇宙开发和核电站建设等使得作为现代先进科学技术标志的复杂巨系统相继问世。这些复杂巨系统往往由数以千、万计的元件、部件组成，元件、部件之间以非常复杂的关系相连接；在它们被研制和被利用的过程中常常涉及高能量。系统中微小的差错就可能引起大量的能量意外释放，导致灾难性的事故。"蝼蚁之穴"可毁千里长堤。这些复杂巨系统的安全性问题受到了人们的关注。

人们在开发研制、使用和维护这些复杂巨系统的过程中，逐渐萌发了系统安全的基本思想。作为现代事故预防理论和方法体系的系统安全（system safety）产生于美国研制民兵式洲际导弹的过程中。

当时，负责该研究项目的美国空军官员们并没有认识到他们着手建造的导弹系统潜伏着巨大的危险性。在洲际导弹试验的头一年半里就发生了 4 次爆炸，造成了惨重的损失。在此以前，美国空军曾发生过许多飞行事故。当时，空军官员们都把事故的原因归因于飞行员的操作失误。由于导弹上没有飞行员，爆炸完全是由导弹自身的问题造成的，故而不能再把导弹爆炸的责任推到飞行员身上。很明显，分析导弹爆炸原因应该追究导弹投入试验之前的构思、设计、建造和维护等方面的问题。空军官员的安全观念发生了巨大的变化。

系统安全是人们为预防复杂巨系统事故而开发、研究出来的安全理论、方法体系。所谓系统安全，是在系统寿命期间内应用系统安全工程和管理方法，辨识系统中的危险源，并采取控制措施使其危险性最小，从而使系统在规定的性能、时间和成本范围内达到最佳的安全程度。

系统安全在许多方面发展了事故致因理论。按照系统安全的观点，系统中存在的危险源是事故发生的原因。所谓危险源（hazard）是可能导致事故、造成人员伤害、财物损坏或环境污染的潜在的不安全因素。系统中不可避免地会存在或出现某些种类的危险源，不可能彻底消除系统中所有的危险源。不同的危险源可能有不同的危险性。危险性（risk）是指某种危险源导致事故、造成人员伤亡（害）、财物损坏或环境污染的可能性。由于不能彻底地消除所有的危险源，也就不存在绝对的安全。所谓的安全，只不过是没有超过允许限度的危险。因此，系统安全的目标不是事故为零，而是最佳的安全程度。相应地，作为实现系统安全手段的系统安全工程的基本内容是危险源辨识、危险源控制和危险性评价。

系统安全认为可能意外释放的能量是事故发生的根本原因，而对能量控制的失效是事故发生的直接原因。这涉及能量控制措施的可靠性问题。在系统安全研究中，不可靠被认为是不安全的原因；可靠性工程是系统安全工程的基础之一。研究可靠性时，涉及物的因素时，使用术语故障或失效（failure、fault）；涉及人的因素时，使用术语人失误（human error）。这些术语的含义较以往的人的不安全行为、物的不安全状态深刻得多。一般地，一起事故的发生是许多人为失误和物体故障相互复杂关联、共同作用的结果，即许多事故致因因素复杂作用的结果。因此，在预防事故时必须在弄清事故致因因素相互关系的基础上采取恰当的措施，而不是相互孤立地控制各个因素。

系统安全注重整个系统寿命期间的事故预防，尤其强调在新系统的开发、设计阶段采取措施消除、控制危险源。对于正在运行的系统，如工业生产系统，管理方面的疏忽和失误是事故的主要原因。约翰逊（W. G. Johnson）等人很早就注意了这个问题，创立了系统安全管理的管理疏忽与危险树（management oversight and risk tree，MORT）。近年来，世界各国努力建立和推行的现代职业安全卫生管理体系（Occupational Health and Safety Management System），则集中地体现了系统安全的管理思想和方法。

几乎与系统安全同一时期，本质安全（inherent safety）的理念开始出现在工业安全领域。本质安全是指相对于依靠对人的教育、管理实现的安全，生产过程、机械设备、劳动条件的安全才是本质上的安全。

科技的发展也把作为现代物质文明的各种工业产品送到各类人面前。这些产品中有些会威胁使用者的安全，产品安全问题受到世人关注。美国 1972 年涉及产品安全的投诉案件就超过 50 万起。美国首先颁布了"产品责任（product liability）法"，要求制造厂家必须设计、制造安全的产品，保证用户使用其产品时的安全，而不能对用户提出许多更严格的要求。其后，欧洲、日本等国相继颁布了类似的法律。按照这种理念，制造厂家必须对其产品引起的事故负责。生产过程中使用的机械设备、工具等也是产品，制造厂家也应该保证在使用这些产品时不发生事故。

1.1.4 管理失误论与组织失误论

与早期的事故频发倾向理论、海因里希因果连锁论等强调人的性格特征、遗传和社会环境等不同，"二战"战后人们逐渐地认识了管理因素作为背后原因在事故致因中的重要作用。人的不安全行为或物的不安全状态是工业事故的直接原因，必须加以追究。但是，它们只不过是其背后的深层原因的征兆、管理上缺陷的反映，只有找出深层的、背后的原因，改进企业管理，充分发挥管理机能中的控制机能，控制人的、物的因素才能有效地防止事故发生。

管理失误反映企业管理体系的问题，这涉及如何有组织地进行管理工作，确定怎样的管理目标，如何计划、实现确定的目标等方面的问题。管理体系反映作为决策中心的领导人的信念、目标及规范，它决定各级管理人员安排工作的轻重缓急、工作基准及指导方针等重大问题。企业的管理体系是随着生产的发展而不断变化、完善的，十全十美的管理系统并不存在。防止管理失误应该建立健全并不断改进管理体系。

切尔诺贝利核电站事故震惊了世界——采取"纵深防御"防护策略、系统本质安全程度非常高的核电站仍然会发生事故。对一些核电站的调查发现，操作者在一定的工作负荷和时间限制下工作，经常重复篡改作业指导书，违反操作程序。有数据显示，人为失误所占比例甚至高达事故原因的 70% ~ 80%。国际核安全咨询小组（NSAG）认为这与企业安全文化（safety culture）方面的缺陷有关，并于 1988 年提出了以安全文化为基础的安全管理原则——防止事故必须加强企业安全文化建设。

根据核安全咨询小组的定义，安全文化是指从事涉及工厂安全的活动的所有人员的奉献精神和责任心。建设企业安全文化的责任在企业领导者，他们必须重视安全问题，制定和贯彻实施安全方针，营造安全意识氛围，按照安全操作要求和人员的素质情况教育和训练职工，使安全意识渗透到所有人员的头脑中，增进人员的责任感和自我安全意识。

管理失误论与组织失误论把预防事故的责任放在了企业管理者，特别是作为企业管理核心的领导者的身上。

1.1.5 复杂社会技术系统事故模型

技术系统之上是提供目的、目标和决策准则的社会系统。企业是社会的一部分，一个国家、一个地区的政治、经济、文化、科技发展水平等诸多因素都对企业内部事故的发生有着重要的影响。日本的北川彻三很早就注意到，事故的基本原因还应该包括学校教育的、社会的、历史的原因，防止事故不仅仅是企业的事情，还需要全社会的共同努力。拉斯姆逊等人认为，事故的发生是涉及包括立法、政府机构、工业协会和保险公司、企业管理者、工程技术人员和操作者在内的整个社会-技术系统的复杂过程。

随着科学技术，特别是信息技术的进步和社会的多元化，我们面临的社会技术系统越来越复杂，在原有类型危险源的基础上新型的危险源不断出现。莱文森从系统理论出发，建立了基于系统理论的系统理论事故模型，把社会和组织因素，诸如组织结构缺陷、安全文化方面的缺陷，以及管理决策和控制不足直接反映在模型中。

在日益复杂、相互关联紧密的复杂社会-技术系统中，个人已经没有能力控制其周围的危险，只能要求政府通过法律、法规和各种形式的监督管理担负起较大的防止事故责任。

1.2 事故频发倾向论

1.2.1 事故频发倾向

事故频发倾向（accident proneness）是指个别人容易发生事故的、稳定的、个人的内在倾向。1919 年，格林伍德和伍兹对许多工厂里伤害事故发生次数资料按如下三种统计分布进行了统计检验：

（1）泊松分布（poisson distribution）。当人员发生事故的概率不存在个体差异时，即不存在事故频发倾向者时，一定时间内事故发生次数服从泊松分布。在这种情况下，事故的发生是由于工厂里的生产条件、机械设备方面的问题，以及一些其他偶然因素引起的。

（2）偏倚分布（biased distribution）。一些工人由于存在精神或心理方面的毛病，如果在生产操作过程中发生过一次事故，则会造成胆怯或神经过敏，当再继续操作时，就有重复发生第二次、第三次事故的倾向。造成这种统计分布的是人员中存在少数有精神或心理缺陷的人。

（3）非均等分布（distribution of unequal liability）。当工厂中存在许多特别容易发生事故的人时，发生不同次数事故的人数服从非均等分布，即每个人发生事故的概率不相同。在这种情况下，事故的发生主要是由于人的因素引起的。

为了检验事故频发倾向的稳定性，他们还计算了被调查工厂中同一个人在前三个月里和后三个月里发生事故次数的相关系数。结果发现，工厂中存在着事故频发倾向者，并且前后三个月事故次数的相关系数变化在 0.37±0.12 到 0.72±0.07 之间，皆为正相关。

1926 年，纽鲍尔德（E. M. Newbold）研究了大量工厂中事故发生次数分布，证明事故发生次数服从发生概率极小，且每个人发生事故概率不等的统计分布。他计算了一些工厂中前五个月和后五个月里事故次数的相关系数，其结果为 0.04±0.09~0.71±0.06。之后，马勃（Marbe）跟踪调查了一个有 3000 人的工厂，结果发现，第一年里没有发生事故的工人在以后几年里平均发生 0.30~0.60 次事故；第一年里发生过一次事故的工人在以后平均发生 0.86 ~1.17 次事故；第一年里出过两次事故的工人在以后平均发生 1.04~1.42 次事故。这些都充分证明了存在着事故频发倾向。

1939 年，法默（Farmer）和查姆勃（Chamber）明确提出了事故频发倾向的概念。认为事故频发倾向者的存在是工业事故发生的主要原因。

根据国外文献介绍，事故频发倾向者往往有如下的性格特征：

（1）感情冲动，容易兴奋。

（2）脾气暴躁。

（3）厌倦工作、没有耐心。

（4）慌慌张张、不沉着。

（5）动作生硬而工作效率低。

（6）喜怒无常、感情多变。

（7）理解能力低、判断和思考能力差。

（8）极度喜悦和悲伤。

（9）缺乏自制力。

（10）处理问题轻率、冒失。

（11）运动神经迟钝，动作不灵活。

日本的丰原恒男发现容易冲动的人、不协调的人、不守规矩的人、缺乏同情心的人和心理不平衡的人发生事故次数较多（见表 1-1）。

根据事故发生次数是否符合非均等分布，可以判断企业中是否存在事故频发倾向者。根据非均等分布，对于一个人数为 N 的工厂，发生 x 次事故的人数分布 $P(x)$ 为

$$P(x) = N\left(\frac{C}{C+1}\right)^r\left[1 + \frac{r}{C+1} + \frac{r(r+1)}{2!\ (C+1)^2} + \frac{r(r+1)(r+2)}{3!\ (C+1)^3} + \cdots\right]$$

(1-1)

式中　C ——发生事故的人数；

　　　r ——发生事故的次数，$r = C \cdot m$；

　　　m ——每人平均的事故次数。

该式是一种理论分布公式，实际应用时计算很复杂。青岛贤司给出如下的近似计算公式，用于判断工厂里是否存在着事故频发倾向者。

表 1-1　事故频发者的特征

性格特征	事故频发者/%	其他人/%
容易冲动	38.9	21.9
不协调	42.0	26.0
不守规矩	34.6	26.8
缺乏同情心	30.7	0
心理不平衡	52.5	25.7

设工厂里一年中发生过一次事故的人数为 N_0，则发生事故的总人数 N_s 为

$$N_s = N_0\left(1 + \frac{1}{2} + \frac{1}{2^2} + \frac{1}{2^3} + \cdots + \frac{1}{2^{n-1}}\right)$$

(1-2)

由此公式可以导出发生事故总人数已知时，发生次数最多的人数。一年中发生 n 次事故的人数 X_n 为

$$X_n = N_0\left(\frac{1}{2}\right)^{n-1}$$

(1-3)

注意，上述公式中的事故次数没有包括没休工的事故。

对于发生事故次数较多、可能是事故频发倾向者的人，可以通过一系列的心理学测试来判别。例如，日本曾采用内田-克雷贝林测验（Uchida Krapelin test）测试人员大脑工作状态曲线，采用 YG 测验（Yatabe-Guilford test）测试工人的性格来判别事故频发倾向者。另外，也可以通过对日常工人行为的观察发现事故频发倾向者。一般来说，具有事故频发倾向的人在进行生产操作时往往精神动摇，注意力不能经常集中在操作上，因而不能适应迅速变化的外界条件。

1.2.2 事故遭遇倾向

事故遭遇倾向（accident liability）是指某些人员在某些生产作业条件下容易发生事故的倾向。

许多研究结果表明，前后不同时期里事故发生次数的相关系数与作业条件有

关。例如，罗奇（Roche）发现，工厂规模不同，生产作业条件也不同，大工厂的场合相关系数大约在 0.6 左右，小工厂则或高或低，表现出受劳动条件的影响。高勃（P. W. Gobb）考察了 6 年和 12 年间二个时期事故频发倾向的稳定性，结果发现前后两段时间内事故发生次数的相关系数与职业有关，变化在-0.08 到 0.72 的范围之内。当从事规则的、重复性作业时，事故频发倾向较为明显。

明兹（A. Mintz）和布卢姆（M. L. B）建议用事故遭遇倾向取代事故频发倾向的概念，认为事故的发生不仅与个人因素有关，而且与生产条件有关。根据这一见解，克尔（W. A. Kerr）调查了 53 个电子工厂中 40 项个人因素及生产作业条件因素与事故发生频度和伤害严重度之间的关系，发现影响事故发生频度的主要因素有搬运距离短、噪声严重、临时工多、工人自觉性差等；与事故后果严重度有关的主要因素是工人的"男子汉"作风，其次是缺乏自觉性、缺乏指导、老年职工多、不连续出勤等，证明事故发生情况与生产作业条件有着密切关系。

一些研究表明，事故的发生与工人的年龄有关。青年人和老年人容易发生事故。此外，与工人的工作经验、熟练程度有关。米勒等人的研究表明，对于一些危险性高的职业，工人要有一个适应期间，在此期间内新工人容易发生事故。内田和大内田对东京都出租汽车司机的年平均事故件数进行了统计，发现平均事故数与参加工作后一年内的事故数无关，而与进入公司后工作时间长短有关。司机们在刚参加工作的头三个月里，事故数相当于每年 5 次，之后的三年内事故数急剧减少，在第五年则稳定在每年 1 次左右。这符合经过练习而减少失误的心理学规律，表明熟练可以大大减少事故。

1.2.3　关于事故频发倾向理论

自格林伍德的研究起，迄今有无数的研究者对事故频发倾向理论的科学性问题进行了专门的研究探讨，关于事故频发倾向者存在与否的问题一直有争议。实际上，事故遭遇倾向就是事故频发倾向理论的修正。

许多研究结果证明，事故频向倾向者并不存在：

（1）当每个人发生事故的概率相等且概率极小时，一定时期内发生事故次数服从泊松分布。根据泊松分布，大部分工人不发生事故，少数工人只出一次，只有极少数工人发生二次以上事故。大量的事故统计资料是服从泊松分布的。例如，莫尔（D. L. Morh）等人研究了海上石油钻井工人连续两年时间内伤害事故情况，得到了受伤次数多的工人数没有超出泊松分布范围的结论。

（2）许多研究结果表明，某一段时间里发生事故次数多的人，在以后的时间里往往发生事故次数不再多了，并非永远是事故频发倾向者。通过数十年的实验及临床研究，很难找出事故频发者的稳定的个人特征。换言之，许多人发生事故是由于他们行为的某种瞬时特征引起的。

（3）根据事故频发倾向理论，防止事故的重要措施是人员选择（screen）。但是许多研究表明，把事故发生次数多的工人调离后，企业的事故发生率并没有降低。例如，韦勒（Waller）对司机的调查，伯纳基（Bernacki）对铁路调车员的调查，都证实了调离或解雇发生事故多的工人，并没有减少伤亡事故发生率。

但在我国，企业职工队伍中存在少数容易发生事故的人这一现象并不罕见。在实际安全工作中，也有通过调整这些人员工作来预防事故的例子。例如，某钢铁公司把容易出事故的人称作"危险人物"，把这些"危险人物"调离原工作岗位后，企业的伤亡事故明显减少；某运输公司把出事故多的司机定为"危险人物"，规定这些司机不能担负长途运输任务，也取得了较好的预防事故效果。

其实，工业生产中的许多操作对操作者的素质都有一定的要求，或者说，人员有一定的职业适合性。当人员的素质不符合生产操作要求时，人在生产操作中就会发生失误或不安全行为，从而导致事故发生。危险性较高的、重要的操作，特别要求人的素质较高。例如，特种作业的场合，操作者要经过专门的培训、严格的考核，获得特种作业资格后才能从事。因此，尽管事故频发倾向论把工业事故的原因归因于少数事故频发倾向者的观点是错误的，然而从职业适合性的角度来看，关于事故频发倾向的认识也有一定可取之处。

1.3　海因里希工业安全理论

海因里希在《工业事故预防》一书中，把对于工业事故预防的基本问题的认识概括为工业安全公理，作为指导企业安全工作的基本理论。

1.3.1　海因里希的工业安全公理

海因里希的工业安全公理共10条，所以在我国该工业安全公理又被称作"海因里希十条"。

（1）工业生产过程中人员伤亡的发生，往往是处于一系列因果连锁之末端的事故的结果；而事故常常起因于人的不安全行为或（和）机械、物质（统称物）的不安全状态。

（2）人的不安全行为是大多数工业事故的原因。

（3）由于不安全行为而受到了伤害的人，几乎重复了300次以上没有造成伤害的同样事故。换言之，人员在受到伤害之前，已经数百次面临来自物的方面的危险。

（4）在工业事故中，人员受到伤害的严重程度具有随机性质。大多数情况下，人员在事故发生时可以免遭伤害。

（5）人员产生不安全行为的主要原因有：

1）不正确的态度；

2）缺乏知识或操作不熟练；

3）身体状况不佳；

4）物的不安全状态及物理的不良环境。

这些原因因素是采取预防不安全行为产生措施的依据。

（6）防止工业事故的 4 种有效的方法是：

1）工程技术方面的改进；

2）对人员进行说服教育；

3）人员调整；

4）惩戒。

（7）防止事故的方法与企业生产管理、成本管理及质量管理的方法类似。

（8）企业领导者有进行安全工作的能力，并且能把握进行安全工作的时机，因而应该承担预防事故工作的责任。

（9）专业安全人员及车间干部、班组长是预防事故的关键，他们工作的好坏对能否做好预防事故工作有重要影响。

（10）除了人道主义动机之外，下面两种强有力的经济因素也是促进企业安全工作的动力：

1）安全的企业生产效率也高，不安全的企业生产效率也低；

2）事故后用于赔偿及医疗费用的直接经济损失，只不过占事故总经济损失的 1/5。

海因里希的工业安全公理系统地阐述了事故发生的因果连锁论，作为事故发生原因的人的因素与物的因素之间的关系问题，事故发生频率与伤害严重度之间关系问题，不安全行为的产生原因及预防措施，事故预防工作与企业其他管理机能之间的关系，进行事故预防工作的基本责任，以及安全与生产之间的关系等工业安全中最重要、最基本的问题。本节将讨论前三个问题，其他问题将在后面的相应章节中讨论。

1.3.2　事故因果连锁论

海因里希首先提出了事故因果连锁论，用以阐明导致事故的各种原因因素之间及与事故、伤害之间的关系。该理论认为，伤害事故的发生不是一个孤立的事件，尽管伤害的发生可能是在某个瞬间，却是一系列互为因果的原因事件相继发生的结果。

在事故因果连锁中，以事故为中心，事故的结果是伤害（伤亡事故的场合），事故的原因包括 3 个层次的原因：直接原因、间接原因、基本原因。由于对事故各层次的原因认识不同，形成了不同的事故致因理论。因此，后来的人们也经常用事故因果连锁的形式来表达某种事故致因理论。

最初，海因里希把工业伤害事故的发生、发展过程描述为具有如下因果关系的事件的连锁：

（1）人员伤亡的发生是事故的结果。

（2）事故的发生是由于人的不安全行为或（和）物的不安全状态。

（3）人的不安全行为、物的不安全状态是由于人的缺点造成的。

（4）人的缺点是由于不良环境诱发的，或者是由先天的遗传因素造成的。

于是，海因里希的事故因果连锁过程包括如下 5 个因素：

（1）遗传及社会环境。遗传因素及社会环境是造成人的性格上缺点的原因。遗传因素可能造成鲁莽、固执等不良性格；社会环境可能妨碍教育、助长性格上的缺点发展。

（2）人的缺点。人的缺点是使人产生不安全行为或造成机械、物质不安全状态的原因，它包括鲁莽、固执、过激、神经质、轻率等性格上的先天的缺点，以及缺乏安全生产知识和技能等后天的缺点。

（3）人的不安全行为或物的不安全状态。海因里希认为人的不安全行为或（和）物的不安全状态是事故发生的直接原因。

海因里希并没有给出人的不安全行为、物的不安全状态的严格定义，而是列举了一些人的不安全行为、物的不安全状态的例子。例如，在起重机的吊物下停留、不发信号就启动机器、工作时间打闹，或拆除安全防护装置等都属于人的不安全行为；没有防护的传动齿轮、裸露的带电体，或照明不良等属于物的不安全状态。这给实际安全工作带来许多困惑。

日本学者青岛贤司把人的不安全行为定义为那些曾经引起过事故，或可能引起事故的人的行为。在实际工作中按这样的定义来判别一种行为或一种状态是否安全有时也很困难。因此，无论国内还是国外往往从可操作性的角度出发，以安全规程、安全标准等作为判别是否不安全行为的标准。

在我国的安全工作中，人的不安全行为相当于"三违（违章操作、违章指挥、违反劳动纪律）"行为；物的不安全状态相当于"事故隐患"。

（4）事故。事故是由于物体、物质、人或放射线的作用或反作用，使人员受到伤害或可能受到伤害的，出乎意料的，失去控制的事件。

坠落、物体打击等能使人员受到伤害的事件是典型的事故。

（5）伤害。直接由于事故造成的人身伤害。

海因里希用多米诺骨牌来形象地描述这种事故因果连锁关系，得到图 1-1 所示那样的多米诺骨牌序列。在多米诺骨牌序列中，一颗骨牌被碰倒了，则将发生连锁反应，其余的几颗骨牌会相继被碰倒。如果移去连锁中的一颗骨牌，则连锁被破坏，事故过程被中止。

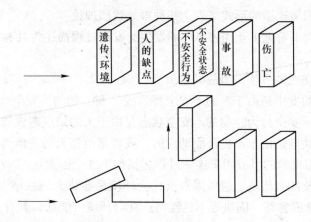

图 1-1　海因里希因果事故连锁论

海因里希认为，企业事故预防工作的中心就是防止人的不安全行为，消除机械的或物质的不安全状态，中断事故连锁的进程而避免事故的发生。在我国的企业安全管理实践中，把这种理念概括为"杜绝三违、根除隐患"。

导致事故发生的因素非常众多，一方面，海因里希利用事故因果连锁模型表达了其对事故主要原因及其相互关系的认识，对后来的事故致因理论发展产生了重大影响；另一方面，由于时代的局限性，海因里希在最初的版本中把人员的遗传和成长的社会环境看作事故的基本原因，在其后来的版本中，增加了管理缺陷作为事故的基本原因。

1.3.3　事故致因中的人与物

人的不安全行为或（和）物的不安全状态是引起工业伤害事故的直接原因。关于人的不安全行为和物的不安全状态在事故致因中地位的认识，是事故致因理论中的一个重要问题。

海因里希曾经调查了美国 75000 起工业伤害事故，发现占总数 98% 的事故是可以预防的，只有 2% 的事故超出人的能力所能达到的范围，是不可预防的。根据海因里希的研究，作为事故的直接原因，大多数情况是或者由于人的不安全行为，或者由于物的不安全状态；少数情况下是人的不安全行为和物的不安全状态。在可预防的工业事故中，以人的不安全行为为主要原因的事故占 88%，以物的不安全状态为主要原因的事故占 10%（见图 1-2）。于是，他得出的结论是，人的不安全行为是大多数工业事故的原因。没有提及物的不安全状态也是大多数工业事故的原因。按照这种理念，就把事故的责任归于产生不安全行为的人员，相应地，防止人的不安全行为就成为企业安全工作的重点。

对于海因里希的这种观点一直存在着争议。

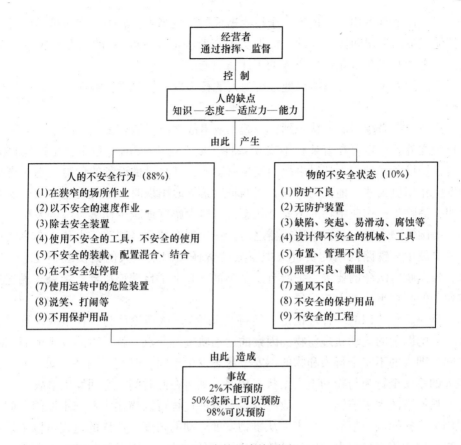

图 1-2 事故的直接原因

根据日本的统计资料，1969 年机械制造业休工 8 天以上的伤害事故中，96%的事故与人的不安全行为有关，91%的事故与物的不安全状态有关；1977 年机械制造业休工 4 天以上的 104638 件伤害事故中，与人的不安全行为无关的只占 5.5%，与物不安全状态无关的只占 16.5%。这些统计数字表明，大多数工业伤害事故的发生，既由于人的不安全行为，也由于物的不安全状态，人的不安全行为与物的不安全状态之间主要不是"或"而是"和"的关系。

对人和物两种因素在事故致因中地位认识的变化，一方面是由于生产技术进步的同时，生产装置、生产条件不安全的问题越发引起了人们的重视；另一方面是人们对人的因素研究的深入，能够正确地区分人的不安全行为和物的不安全状态。约翰逊（William G. Johnson）指出，判断到底是不安全行为还是不安全状态，受到研究者主观因素的影响，取决于他对问题认识的深刻程度。许多人由于缺乏有关人失误方面的知识，把由于人失误（human error）造成的不安全状态看作是不安全行为。哈默（W. Hammer）认为，如果现在重新审查海因里希当年的数据，在88%的由于人的不安全行为造成的事故当中，恐怕有许多是操作者之外其他人员的失误间接造成的。根据美国宾西法尼亚1967年的工业伤害事故数据，只有26%的事故是由于工人的不注意引起的。

所谓的人失误，可以简单地理解为人的行为发生了差错，将在下一章中详细讨论。

现在，越来越多的人认识到，一起工业事故之所以能够发生，除了人的不安全行为之外，一定存在着某种不安全条件。斯奇巴（Skiba）指出，生产操作人员与机械设备两种因素都对事故的发生有影响，并且机械设备的危险状态对事故的发生作用更大些。他认为，只有当两种因素同时出现时，才能发生事故。实践证明，消除生产作业中物的不安全状态，可以大幅度地减少伤害事故的发生。例如，美国铁路车辆安装自动连接器之前，每年都有数百名铁路工人死于车辆连接作业事故中。铁路部门的负责人把事故的责任归因于工人的错误或不注意。后来，根据政府法令的要求，把所有铁路车辆都装上了自动连接器，结果车辆连接作业中的死亡事故大大减少了。

反映这种认识的一种理论是"轨迹交叉论"。该理论认为，在事故发展进程中，人的因素的运动轨迹与物的因素的运动轨迹的交点，就是事故发生的时间和空间。即人的不安全行为和物的不安全状态发生于同一时间、同一空间，或者说当人的不安全行为与物的不安全状态相遇，则将在此时间、空间发生事故。

按照事故因果连锁论，事故的发生、发展过程可以描述为：基本原因→间接原因→直接原因→事故→伤害。从事物发展运动的角度，这样的过程可以被形容为事故致因因素导致事故的运动轨迹。如果分别从人的因素和物的因素两个方面考虑，则人的因素的运动轨迹是：

（1）遗传、社会环境或管理缺陷。

（2）由于（1）造成的心理、生理上的弱点，安全意识低下，缺乏安全知识及技能等缺点。

（3）人的不安全行为。

而物的因素的运动轨迹是：

（1）设计、制造缺陷，如利用有缺陷的或不合要求的材料，设计计算错误或结构不合理，错误的加工方法或操作失误等造成的缺陷。

（2）使用、维修保养过程中潜在的或显现的故障、毛病。机械设备等随着使用时间的延长，由于磨损、老化、腐蚀等原因容易发生故障；超负荷运转、维修保养不良等都会导致物的不安全状态。

（3）物的不安全状态。

人的因素的运动轨迹与物的因素的运动轨迹的交点，即人的不安全行为与物的不安全状态同时、同地出现，则将发生事故（见图1-3）。

图 1-3 轨迹交叉论

值得注意的是，许多情况下人的因素与物的因素又互为因果。例如，有时物的不安全状态诱发了人的不安全行为，而人的不安全行为又促进了物的不安全状态的发展，或导致新的不安全状态出现。因而，实际的事故并非简单地按照上述的人、物两条轨迹进行；而是呈现非常复杂的因果关系。轨迹交叉论作为一种事故致因理论，强调人的因素、物的因素在事故致因中占有同样重要的地位。按照该理论，可以通过避免人与物两种因素运动轨迹交叉，即避免人的不安全行为和物的不安全状态同时、同地出现，来预防事故的发生。

在事故原因的统计分析中往往采用图 1-4 所示的因果连锁模型。该模型着重于伤亡事故的直接原因——人的不安全行为和物的不安全状态，以及其背后的管理缺陷。我国的国家标准《企业职工伤亡事故分类》（GB 6441—86）就体现了这种事故因果连锁模型。

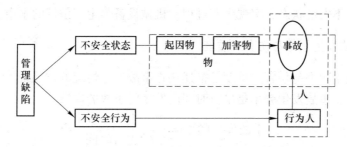

图 1-4 事故连锁模型

在图 1-4 的事故因果连锁模型中，把物的方面的问题进一步划分为起因物和加害物。前者是导致事故发生的机械、物质；后者是直接作用于人体的能量载体或危险物质。显然，从防范的角度前者比起后者更为重要。在人的因素方面，该模型区分行为人与被害者，强调行为人（即肇事者）的不安全行为的控制问题。

值得注意的是，人的不安全行为、物的不安全状态是事故的直接原因，而管理缺陷是这些直接原因出现的背后原因，是事故发生的基本原因。即管理失误和人的不安全行为、物的不安全状态不是一个层次的问题，在进行事故原因的统计分析时，不要把它们并列起来。

1.3.4　本质安全

根据轨迹交叉论，为了有效地防止事故发生，必须同时采取措施消除人的不安全行为和物的不安全状态。

消除人的不安全行为可以避免事故。但是应该注意到，人与机械设备不同，机器在人们规定的约束条件下运转，自由度较少、可靠性较高；而人的行为受各自思想的支配，有较大的行为自由性。这种行为自由性一方面使人具有搞好安全生产的能动性，另一方面也可能使人的行为偏离预定的目标，产生不安全行为。由于人的行为受到许多因素的影响，特别是人的生理、心理特点决定了在工作时可能发生失误，因此控制人的行为是一件十分困难的工作。

消除物的不安全状态也可以避免事故。通过改进生产工艺，设置有效安全防护装置，根除生产过程中的危险条件，使得即使人员产生了不安全行为或者发生了失误也不致酿成事故。相对于依靠对人的管理实现的安全，工艺过程、机械设备、装置和物理环境等生产条件的安全才是本质上的安全。

自 20 世纪中叶以来，本质安全（inherent safety）逐渐成为许多工业发达国家的主流安全理念。要求企业采用先进的、安全的生产工艺、机械设备、装置等，为操作者提供安全的生产作业条件。在所有的预防事故措施中，应该优先考虑消除物的不安全状态，实现生产过程、机械设备等生产条件的本质安全。

1.3.5　事故发生频率与伤害严重度

事故发生频率与伤害严重度是描述伤亡事故发生情况的重要统计指标。

按定义，事故发生频率是单位时间内发生的事故的次数：

$$事故发生频率 = \frac{事故发生次数}{活动进行时间} \tag{1-4}$$

事故后果严重度是对事故发生后其后果带来的损失大小的度量。事故后果带来的损失既包括人员生命健康方面的损失、财产损失、生产损失或环境方面的损失等可见损失，也包括受伤害者本人、亲友、同事等遭受的心理冲击、事故造成的不良社会影响等无形的损失。由于无形的损失主要取决于可见损失，因此事故后果严重度集中地表现在可见损失的大小上。

通常，以伤害的严重程度来描述人员生命健康方面的损失；以损失价值的金额数来表示事故造成的财物损失或生产损失。

事故的发生具有随机性，事故发生后造成后果的情况也具有随机性。这种随机性反映在事故发生频率和事故后果严重度的关系方面。

1.3.5.1　比例 1：29：300

海因里希调查了 5000 多起工业伤害事故案例中事故发生后人员受到伤害的

情况。例如，某工人在地板上滑倒而跌坏膝盖骨，造成重伤。调查中发现，该人经常弄湿一大片地板而不擦干，形成习惯已达 6 年之久。他在湿滑的地板上行走时经常跌倒，发生严重伤害、轻微伤害和无伤害的比例为 1∶0∶1800。又如，某机械师企图徒手把皮带挂到正在旋转的皮带轮上。由于他站在摇晃的梯子上，没有工具，且穿了一件袖口宽大的衣服，结果被皮带轮绞入而死亡。调查表明，该人数年来一直用这种方法挂皮带，其手下的工人均佩服他技艺高超。查阅 4 年中的就诊记录，发现他曾被擦伤手臂 33 次。估计的严重伤害、轻微伤害和无伤害的比例为 1∶33∶1200。类似地，对其他伤害事故案例进行了详细的调查研究。根据对调查结果的统计处理得出结论，在同一个人发生的 330 起同种事故中，300 起事故没有造成伤害，29 起造成了轻微伤害，1 起造成了严重伤害。即事故后果分别为严重伤害、轻微伤害和无伤害的事故次数之比为 1∶29∶300（见图 1-5）。

图 1-5　事故后果

比例 1∶29∶300 又被称为海因里希法则，它反映了事故发生频率与事故后果严重度之间的一般规律。即事故发生后带来严重伤害的情况是很少的，造成轻微伤害的情况稍多，而事故后无伤害的情况是大量的。进一步分析，在发生事故之前可能已经出现了不计其数的不安全行为、不安全状态。

比例 1∶29∶300 表明，事故发生后其后果的严重程度具有随机性质，或者说其后果的严重度取决于机会因素。因此，一旦发生事故，控制事故后果的严重程度是一件非常困难的工作。

该法则提醒人们，某人在遭受严重伤害之前，可能已经经历了数百次没有带来严重伤害的事故。在无伤害或轻微伤害的背后，隐藏着与造成严重伤害相同的原因因素，只是由于随机因素而没有发生严重伤害。为了防止严重伤害的发生，应该全力以赴地防止事故的发生。

继海因里希之后，许多人围绕这个问题进行了大量的研究工作。例如，博德（F. E. Bird）于 1969 年调查了北美保险公司承保的 21 个行业拥有 175 万员工的 297 家企业的 1753498 起事故。通过对调查结果的统计发现，对于每一起严重伤害，相应地发生 9.8 起轻微伤害，30.2 起财产损失事故。他还通过与工人谈话了解到许多没有造成人员伤害和财物破坏的事故。最后，博德得到的严重伤害、轻微伤害、财产损失和无伤害无损失事故的比例为 1∶10∶30∶600。

与海因里希的比例 1∶29∶300 相比较，博德的比例 1∶10∶30∶600 特别提醒人们不要忽略由于事故造成的财产损失。

1.3.5.2　事故种类与伤害严重度

比例1∶29∶300是根据同一个人发生同种事故的后果统计资料得到的结果，并以此来定性地（不是定量地）表示事故发生频率与事故后果严重度之间的一般关系。实际上，不同种类的事故导致严重伤害、轻微伤害和无伤害次数的比例是不同的。特别是不同工业部门及不同生产作业中发生的事故造成严重伤害的可能性是不同的。青岛贤司调查了日本重工业和轻工业的事故资料，得出重型机械和材料工业的事故造成重伤、轻伤的比例为1∶8，而轻工业中为1∶32的结论。表1-2列出了美国统计的不同类型事故及其伤害严重度的情况。由表中的数字可以看出，运输事故导致严重伤害的可能性最高；手工工具导致严重伤害的可能性最低。

表1-2　事故类型及伤害严重度

事故类型	暂时失能伤害/%	永久部分失能伤害/%	永久全失能伤害/%
运输	24.3	20.9	5.6
坠落	18.1	16.2	15.9
物体打击	10.4	8.4	18.1
机械	11.9	25.0	9.1
车辆	8.5	8.4	23.0
手工工具	8.1	7.8	1.1
电气	3.5	2.5	13.4
其他	15.2	10.8	13.8

表1-3为我国某钢铁公司30年间发生的伤亡事故中，死亡、重伤和轻伤人数的比例。这些数字表明，不同部门的生产过程中发生的主要事故类型不同，事故发生后造成严重伤害的可能性也不同。

表1-3　某钢铁公司伤亡事故情况　　　　　　　　　　（人）

部门	死亡	重伤	轻伤
钢铁焦化	1	2.25	138
工矿企业	1	3.48	197
机械制造	1	4.44	408
原材料	1	6.89	430
运输	1	1.76	73
采矿	1	1.89	91

值得注意的是，对于某种特定的事故来说，防止轻伤事故就可以防止严重伤害事故，减少事故发生频率可以减少严重伤害。但是如果笼统地说，减少事故发

生频率即可避免严重伤害，则将发生错误。例如，据美国的资料，某州 10 年间事故总数减少了 33%，而遭受严重伤害的人数却增加了。根据统计资料分析，只在少数情况下，减少事故发生频率可以相应地减少严重伤害。

1.4 危险源理论

1.4.1 能量意外释放论

1961 年吉布森（Gibson）、1966 年哈登（Haddon）等人提出了解释事故发生物理本质的能量意外释放论。他们认为，事故是一种不正常的或不希望的能量释放。

1.4.1.1 能量在事故致因中的地位

能量在人类的生产、生活中是不可缺少的，人类利用各种形式的能量做功以实现预定的目的。生产、生活中利用能量的例子随处可见，如机械设备在能量的驱动下运转，把原料加工成产品；热能把水煮沸等。人类在利用能量的时候必须采取措施控制能量，使能量按照人们的意图产生、转换和做功。从能量在系统中流动的角度，应该控制能量按照人们规定的能量流通渠道流动。如果由于某种原因失去了对能量的控制，就会发生能量违背人的意愿的意外释放或逸出，使进行中的活动中止而发生事故的情形。如果事故时意外释放的能量作用于人体，并且能量的作用超过人体的承受能力，则将造成人员伤害；如果意外释放的能量作用于设备、建筑物、物体，并且能量的作用超过它们的抵抗能力，则将造成设备、建筑物、物体的损坏。

生产、生活活动中经常遇到各种形式的能量，如机械能、热能、电能、化学能、电离及非电离辐射能、声能、生物能等，它们的意外释放都可能造成伤害或损坏。

（1）机械能。意外释放的机械能是导致事故时人员伤害或财物损坏的主要类型的能量。

机械能包括势能和动能。位于高处的人体、物体、岩体或结构的一部分相对于低处的基准面有较高的势能。当人体具有的势能意外释放时，发生坠落或跌落事故；物体具有的势能意外释放时，物体自高处落下，可能发生物体打击事故；岩体或结构的一部分具有的势能意外释放时，会发生冒顶、片帮、坍塌等事故。运动着的物体都具有动能，如各种运动中的车辆、设备或机械的运动部件、被抛掷的物料等。当它们具有的动能意外释放并作用于人体时，可能发生车辆伤害、机械伤害、物体打击等事故。

（2）电能。意外释放的电能会造成各种电气事故。意外释放的电能可能使电气设备的金属外壳等导体带电而发生"漏电"现象。当人体与带电体接触时会遭受电击；电火花会引燃易燃易爆物质而发生火灾、爆炸事故；强烈的电弧可能灼伤人体等。

（3）热能。现今的生产、生活中到处利用热能，人类利用热能的历史可以追溯到远古时代。失去控制的热能可能灼烫人体、损坏财物、引起火灾。火灾是热能意外释放造成的最典型的事故。应该注意，在利用机械能、电能、化学能等其他形式的能量时也可能产生热能。

（4）化学能。有毒有害的化学物质使人员中毒，是化学能引起的典型伤害事故。在众多的化学物质中，相当多的物质具有的化学能会导致人员急性、慢性中毒，致病、致畸、致癌。火灾中化学能转变为热能，爆炸中化学能转变为机械能和热能。

（5）电离及非电离辐射。电离辐射主要指 α 射线、β 射线和中子射线等，它们会造成人体急性、慢性损伤。非电离辐射主要为 X 射线、γ 射线、紫外线、红外线和宇宙射线等射线辐射。工业生产中常见的电焊、熔炉等高温热源放出的紫外线、红外线等有害辐射会伤害人的视觉器官。

麦克法兰特（McFarland）在解释事故造成的人身伤害或财物损坏的机理时说："……所有的伤害事故（或损坏事故）都是因为：1）接触了超过机体组织（或结构）抵抗力的某种形式的过量的能量；2）有机体与周围环境的正常能量交换受到了干扰（如窒息、淹溺等）。"因而，各种形式的能量是构成伤害的直接原因。

人体自身也是个能量系统。人的新陈代谢过程是一个吸收、转换、消耗能量，与外界进行能量交换的过程；人进行生产、生活活动时消耗能量。当人体与外界的能量交换受到干扰时，即人体不能进行正常的新陈代谢时，人员将受到伤害，甚至死亡。表1-4为人体受到超过其承受能力的各种形式能量作用时受伤害的情况。表1-5为人体与外界的能量交换受到干扰而发生伤害的情况。

表1-4　能量类型与伤害

能量类型	产生的伤害	事故类型
机械能	刺伤、割伤、撕裂、挤压皮肤、肌肉、骨折、内部器官损伤	物体打击、车辆伤害、机械伤害、起重伤害、高处坠落、坍塌、冒顶片帮、放炮、火药爆炸、瓦斯爆炸、锅炉爆炸、压力容器爆炸
热能	皮肤发炎、烧伤、烧焦、焚化、伤及全身	灼烫、火灾
电能	干扰神经-肌肉功能、电伤	触电
化学能	化学性皮炎、化学性烧伤、致癌、致遗传突变、致畸胎、急性中毒、窒息	中毒和窒息、火灾

表 1-5　干扰能量交换与伤害

影响能量交换类型	产生的伤害	事故类型
氧的利用	局部或全身生理损害	中毒和窒息
其他	局部或全身生理损害（冻伤、冻死）、热痉挛、热衰竭、热昏迷	

研究表明，人体对各种形式能量的作用都有一定的承受能力，或者说有一定的伤害阈值。例如，球形弹丸以 4.9N 的冲击力打击人体时，只能轻微地擦伤皮肤；重物以 68.6N 的冲击力打击人的头部时，会造成颅骨骨折。

事故发生时，在意外释放的能量作用下人体（或结构）能否受到伤害（或损坏），以及伤害（或损坏）的严重程度如何，取决于作用于人体（或结构）的能量的大小、能量的集中程度，人体（或结构）接触能量的部位，能量作用的时间和频率等。显然，作用于人体的能量越大、越集中，造成的伤害越严重；人的头部或心脏受到过量的能量作用时会有生命危险；能量作用的时间越长，造成的伤害越严重。

该理论阐明了伤害事故发生的物理本质，指明了防止伤害事故就是防止能量意外释放，防止人体接触能量。根据这种理论，人们要经常注意生产过程中能量的流动、转换，以及不同形式能量的相互作用，防止发生能量的意外释放或逸出。

从能量意外释放论出发，预防伤害事故就是防止能量或危险物质的意外释放，防止人体与过量的能量或危险物质接触。我们把约束、限制能量，防止人体与能量接触的措施叫做屏蔽。这是一种广义的屏蔽。在工业生产中经常采用的防止能量意外释放的屏蔽措施主要有以下几种：

（1）用安全的能源代替不安全的能源。有时被利用的能源具有的危险性较高，这时可考虑用较安全的能源取代。例如，在容易发生触电的作业场所，用压缩空气动力代替电力，可以防止发生触电事故。但是应该注意，绝对安全的事物是没有的，以压缩空气做动力虽然避免了触电事故，但压缩空气管路破裂、脱落的软管抽打等都会带来新的危害。

（2）限制能量。在生产工艺中尽量采用低能量的工艺或设备，这样即使发生了意外的能量释放，也不致发生严重伤害。例如，利用低电压设备防止电击；限制设备运转速度以防止机械伤害；限制露天爆破装药量以防止个别飞石伤人等。

（3）防止能量蓄积。能量的大量蓄积会导致能量突然释放，因此要及时泄放多余的能量防止能量蓄积。例如，通过接地消除静电蓄积；利用避雷针放电保护重要设施等。

（4）缓慢地释放能量。缓慢地释放能量可以降低单位时间内释放的能量，减轻能量对人体的作用。例如，各种减振装置可以吸收冲击能量，防止人员受到伤害。

（5）设置屏蔽设施。屏蔽设施是一些防止人员与能量接触的物理实体，即狭义的屏蔽。屏蔽设施可以被设置在能源上，如安装在机械转动部分外面的防护罩；也可以被设置在人员与能源之间，如安全围栏等。人员佩戴的个体防护用品，可被看作是设置在人员身上的屏蔽设施。

（6）在时间或空间上把能量与人隔离。在生产过程中也有两种或两种以上的能量相互作用引起事故的情况。例如，一台吊车移动的机械能作用于化工装置，使化工装置破裂而有毒物质泄漏，引起人员中毒。针对两种能量相互作用的情况，我们应该考虑设置两组屏蔽设施：一组设置于两种能量之间，防止能量间的相互作用；一组设置于能量与人之间，防止能量达及人体。

（7）信息形式的屏蔽。各种警告措施等信息形式的屏蔽，可以阻止人员的不安全行为或避免发生行为失误，防止人员接触能量。

根据可能发生的意外释放的能量的大小，可以设置单一屏蔽或多重屏蔽，并且应该尽早设置屏蔽，做到防患于未然。

从能量的观点出发，按能量与被害者之间的关系，可以把伤害事故分为三种类型，相应地，应该采取不同的预防伤害的措施。

（1）能量在人们规定的能量流通渠道中流动，人员意外地进入能量流通渠道而受到伤害。设置防护装置之类屏蔽设施防止人员进入，可以避免此类事故。警告、劝阻等信息形式的屏蔽可以约束人的行为。

（2）在与被害者无关的情况下，能量意外地从原来的渠道里逸脱出来，开辟新的流通渠道使人员受害。按事故发生时间与伤害发生时间之间的关系，又可分为两种情况：

事故发生的瞬间人员即受到伤害，甚至受害者尚不知发生了什么就遭受了伤害。这种情况下，人员没有时间采取措施避免伤害。为了防止伤害，必须全力以赴地控制能量，避免事故的发生。

事故发生后人员有时间躲避能量的作用，可以采取恰当的对策防止受到伤害。例如，发生火灾、有毒有害物质泄漏事故的场合，远离事故现场的人们可以恰当地采取隔离、撤退或避难等行动，避免遭受伤害。这种情况下人员行为正确与否往往决定他们的生死存亡。

（3）能量意外地越过原有的屏蔽而开辟新的流通渠道；同时被害者误进入新开通的能量渠道而受到伤害。实际上，这种情况较少。

1.4.1.2 能量观点的事故因果连锁

调查伤亡事故原因发现，大多数伤亡事故都是因为过量的能量，或干扰人体与外界正常能量交换的危险物质的意外释放引起的，并且，几乎毫无例外地，这种过量能量或危险物质的释放都是由于人的不安全行为或物的不安全状态造成。即人的不安全行为或物的不安全状态使得能量或危险物质失去了控制，是能量或危险物质释放的导火线。

美国矿山局的札别塔基斯（Michael Zabetakis）依据能量意外释放理论，建立了新的事故因果连锁模型（见图1-6）。

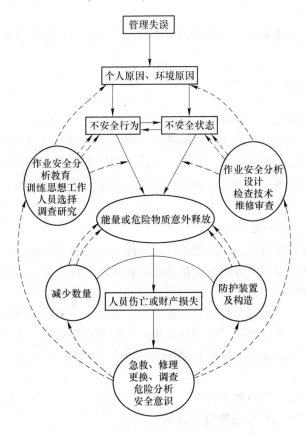

图1-6　能量观点的事故因果连锁

（1）事故。事故是能量或危险物质的意外释放，是伤害的直接原因。为防止事故发生，可以通过技术改进来防止能量意外释放，通过教育训练提高职工识别危险的能力、佩戴个体防护用品来避免伤害。

（2）不安全行为和不安全状态。人的不安全行为和物的不安全状态是导致能量意外释放的直接原因，它们是管理缺欠、控制不力、缺乏知识、对存在的危险估计错误，或其他个人因素等基本原因的征兆。

（3）基本原因。基本原因包括三个方面的问题：

1）企业领导者的安全政策及决策。它涉及生产及安全目标，职员的配置；

信息利用；责任及职权范围、职工的选择、教育训练、安排、指导和监督；信息传递、设备、装置及器材的采购、维修；正常时和异常时的操作规程；设备的维修保养等。

2）个人因素。能力、知识、训练；动机、行为；身体及精神状态；反应时间；个人兴趣等。

3）环境因素。

为了从根本上预防事故，必须查明事故的基本原因，并针对查明的基本原因采取对策。

1.4.2 两类危险源

在系统安全研究中，认为危险源的存在是事故发生的根本原因，防止事故就是消除、控制系统中的危险源。危险源为可能导致人员伤害或财物损失事故的、潜在的不安全因素。按此定义，生产、生活中的许多不安全因素都是危险源。

根据危险源在事故发生、发展中的作用，把危险源划分为两大类，即第一类危险源和第二类危险源。

1.4.2.1 第一类危险源

根据能量意外释放论，事故是能量或危险物质的意外释放，作用于人体的过量的能量或干扰人体与外界能量交换的危险物质是造成人员伤害的直接原因。于是，把系统中存在的、可能发生意外释放的能量或危险物质称作第一类危险源。

一般地，能量被解释为物体做功的本领。做功的本领是无形的，只有在做功时才显现出来。因此，实际工作中往往把产生能量的能量源（工艺过程、装置设备等）或拥有能量的能量载体看作第一类危险源来处理。例如，带电的导体、奔驰的车辆等。

常见的第一类危险源如下：

（1）产生、供给能量的装置、设备。

（2）使人体或物体具有较高势能的装置、设备、场所。

（3）能量载体。

（4）一旦失控可能产生巨大能量的工艺过程、装置、设备、场所，如强烈放热反应的化工过程及装置等。

（5）一旦失控可能发生能量蓄积或突然释放的工艺过程、装置、设备、场所，如各种压力容器等。

（6）危险物质，如各种有毒、有害、可燃烧爆炸的物质等。

（7）生产、加工、储存危险物质的工艺过程、装置、设备、场所。

（8）人体一旦与之接触将导致人体能量意外释放的物体。

表1-6列出了导致各种伤害事故的典型的第一类危险源。

表1-6 伤害事故类型与第一类危险源

事故类型	能 量 源	能量载体或危险物质
物体打击	产生物体落下、抛出、破裂、飞散的设备、场所、操作	落下、抛出、破裂、飞散的物体
车辆伤害	车辆,使车辆移动的牵引设备、坡道	运动的车辆
机械伤害	机械的驱动装置	机械的运动部分、人体
起重伤害	起重、提升机械	被吊起的重物
触电	电源装置	
灼烫	热源设备、加热工艺、设备、炉、灶、发热体	高温物体、高温物质
火灾	可燃物	火焰、烟气
高处坠落	高差大的场所、人员借以升降的设备、装置	人体
坍塌	土石方工程的边坡、料堆、料仓、建筑物、构筑物	边坡土(岩)体、物料、建筑物、构筑物、载荷
冒顶片帮	矿山采掘空间的围岩体	顶板、两帮围岩
放炮、火药爆炸	爆破作业、爆破器材	
瓦斯爆炸	可燃性气体、可燃性粉尘	
锅炉爆炸	锅炉	蒸汽
压力容器爆炸	压力容器	内容物
淹溺	江、河、湖、海、池塘、洪水、储水容器	水
中毒窒息	产生、储存、聚积有毒有害物质的工艺、装置、容器、场所	有毒有害物质

第一类危险源具有的能量越多,一旦发生事故其后果越严重。相反,第一类危险源处于低能量状态时比较安全。同样,第一类危险源包含的危险物质的量越多,干扰人的新陈代谢越严重,其危险性越大。

1.4.2.2 第二类危险源

在生产、生活中,为了利用能量,让能量按照人们的意图在系统中流动、转换和做功,必须采取措施约束、限制能量,即必须控制危险源。约束、限制能量的屏蔽应该可靠地控制能量,防止能量意外地释放。实际上,绝对可靠的控制措施并不存在。在许多因素的复杂作用下约束、限制能量的控制措施可能失效,能量屏蔽可能被破坏而发生事故。导致约束、限制能量措施失效或破坏的各种不安全因素称作第二类危险源。

如前所述,札别塔基斯认为人的不安全行为和物的不安全状态是造成能量或危险物质意外释放的直接原因。从系统安全的观点来考察,使能量或危险物质的约束、限制措施失效、破坏的原因因素,即第二类危险源,包括人、物、环境三个方面的问题。

在系统安全中涉及人的因素问题时，采用术语"人失误"。人失误是指人的行为结果偏离了预定的标准，人的不安全行为可被看作是人失误的特例。人失误可能直接破坏对第一类危险源的控制，造成能量或危险物质的意外释放。例如，合错了开关使检修中的线路带电；误开阀门使有害气体泄放等。人失误也可能造成物的故障，物的故障进而导致事故。例如，超载起吊重物造成钢丝绳断裂，发生重物坠落事故。

物的因素问题可以概括为物的故障。故障是指由于性能低下不能实现预定功能的现象，物的不安全状态也可以看作是一种故障状态。物的故障可能直接使约束、限制能量或危险物质的措施失效而发生事故。例如，电线绝缘损坏发生漏电；管路破裂使其中的有毒有害介质泄漏等。有时一种物的故障可能导致另一种物的故障，最终造成能量或危险物质的意外释放。例如，压力容器的泄压装置故障，使容器内部介质压力上升，最终导致容器破裂。随着计算机的普遍应用，计算机软件故障导致事故的情况越来越多，相应地，软件故障越来越引起人们的关注。

物的故障有时会诱发人失误；人失误会造成物的故障，实际情况比较复杂。

环境因素主要指系统运行的环境，包括温度、湿度、照明、粉尘、通风换气、噪声和振动等物理环境，以及企业和社会的软环境。不良的物理环境会引起物的故障或人失误。例如，潮湿的环境会加速金属腐蚀而降低结构或容器的强度；工作场所强烈的噪声影响人的情绪，分散人的注意力而发生人失误。企业的管理制度、人际关系或社会环境影响人的心理，可能引起人失误。

第二类危险源往往是一些围绕第一类危险源随机发生的现象，它们出现的情况决定事故发生的可能性。第二类危险源出现得越频繁，发生事故的可能性越大。

1.4.2.3　两类危险源与事故

一起事故的发生是两类危险源共同起作用的结果。一方面，第一类危险源的存在是事故发生的前提，没有第一类危险源就谈不上能量或危险物质的意外释放，也就无所谓事故；另一方面，如果没有第二类危险源破坏对第一类危险源的控制，也不会发生能量或危险物质的意外释放。第二类危险源的出现是第一类危险源导致事故的必要条件。

在事故的发生、发展过程中，两类危险源相互依存、相辅相成。第一类危险源在事故时释放出的能量是导致人员伤害或财物损坏的能量主体，决定事故后果的严重程度；第二类危险源出现的难易决定事故发生的可能性的大小。两类危险源共同决定危险源的危险性。

1.4.3 系统危险源控制

人们在利用能量的同时必须控制能量，工程技术措施是控制能量的基本途径。对于工业生产系统来说，生产技术是利用、转换、产生能量的技术，在实现生产目的的同时也具有控制能量——第一类危险源的功能。并且，生产技术的控制危险源的功能往往决定系统的本质安全程度。从这个意义上说，生产技术本身也是危险源控制技术、安全技术。当仅仅依靠生产技术来控制危险源还不够充分时，还需要采取一些专门的安全技术措施进一步控制危险源。

工程技术措施也是控制第二类危险源的基本手段，在工程技术措施的基础上再辅以必要的管理措施，采取多重防御的策略提高危险源控制的可靠性。例如，在采用高质量的元部件、故障安全设计（fail-safe）或冗余设计的基础上，通过运行过程中的维修保养防止物的故障或失效；在人机学设计、耐失误设计（fool-proof）的基础上，通过对人员的教育训练防止人失误；消除或减弱元素间不安全的相互作用等。

1.4.3.1 系统设计、建造阶段的危险源控制

在系统设计、建造阶段应该选择和采用先进的、安全的技术控制危险源。

根据系统安全的原则，实现系统安全的努力应该贯穿于从立项、可行性研究、设计、建设、运行、维护、直到报废为止的整个系统寿命期间。特别是在早期的设计、建设阶段消除、控制危险源，使残余危险性尽可能的小，实现系统的本质安全。实现本质安全的主要技术手段包括本质安全设计和设置安全防护。

20世纪70年代，英国的克莱兹（Trevor Kletz）针对重大危险源控制提出了过程工业的工艺过程设计中的本质安全设计（inherently safe design）原则，即消除、最小化、替代、缓和及简化。这些技术原则的前4项旨在消除、控制第一类危险源，后一项的主要目的在于控制第二类危险源。之后1996年欧盟颁布的《关于工业活动中重大事故危险源的指令（简称Seveso指令）Ⅱ》要求重大危险设施应该优先采用本质安全设计。

作为一种危险源控制的技术理念，本质安全设计越来越广泛地被应用于各个工程技术领域。例如，国家标准《机械类安全设计的一般原则》（GB/T 15706—2007）（对应ISO12100-2003）提出了一系列机械的本质安全设计原则，贯穿了"人员误操作时机械不动作"等本质安全要求。要求设计者合理地预见可能的错误使用机械的情况，必须考虑由于机械故障、运转不正常等情况发生时操作者的反射行为、操作中图快、怕麻烦而走捷径等造成的危险；防止机械的意外启动、失速、危险出现时不能停止运行、工件掉落或飞出伤害人员等。

在本质安全设计的基础上，仍然需要采取安全防护措施进一步降低系统的危

险性。安全防护作为最基本的安全措施已经逐渐系统化了。例如，为了确保核电站的安全，从"纵深防御（defense-in-depth）"的理念出发，采取了多重安全防护的策略。又如，20 世纪 80 年代美国化工过程安全中心（CCPS）提出了防护层（layer of protection，LP）的概念，针对化工过程本质安全设计之后的残余危险设置若干层防护层，使过程危险性降低到允许的水平。

在系统设计、建造阶段作为设计者的工程技术人员肩负重要的控制危险源责任。他们利用诸如预先危害分析、事件树分析和故障树分析等系统安全分析技术，预测系统中可能出现的各类危险源，通过本质安全设计和采用恰当的安全防护措施消除、控制危险源，使系统的危险性在允许的范围内，并把残余危险的情况告知生产经营单位。

1.4.3.2　系统运行阶段的危险源控制

生产系统运行阶段，即生产过程中生产经营单位的安全工作重点是控制第二类危险源，从而保证对第一类危险源的控制。

管理作为危险源控制的手段之一，在系统运行阶段尤其重要。生产经营单位必须根据从设计单位、建设单位那里得到的残余危险的信息，制定安全操作规程、程序和作业标准，规范人们的行为，并教育训练操作者自觉遵守这些安全操作规程、程序和作业标准。采取恰当的措施"杜绝三违"和防止人失误；加强对工艺过程、机械设备和装置等的检查和维护，"根除隐患"和防止故障或失效；根据生产过程中发现的问题以及情况的变化，及时采取"追加的"安全防护措施，加强对危险源的控制，保持本质安全的生产作业条件。

1.5　管理失误论与组织事故

管理是为实现预定目标而组织和使用人力、物力和财力等各种资源的过程。法约尔最初提出管理的基本机能包括计划、组织、指挥、协调和控制。管理也是预防事故的重要手段。从预防事故的角度，更强调发挥管理的控制机能。

在海因里希的事故因果连锁中，把遗传因素和社会环境看作事故的根本原因，表现出了它的时代局限性。尽管遗传因素和人员成长的社会环境对人员的行为有一定的影响，却不是影响人员行为的主要因素。在企业中，如果管理者能够充分发挥管理机能中的控制机能，则可以有效地控制人的不安全行为、物的不安全状态。

1.5.1　博德的事故因果连锁

博德在海因里希事故因果连锁的基础上，提出了反映现代安全观点的事故因果连锁（见图 1-7）。

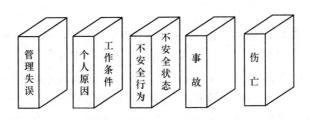

图 1-7 博德的事故因果连锁

（1）控制不足——管理

事故因果连锁中一个最重要的因素是安全管理。安全管理人员应该充分理解，他们的工作要以得到广泛承认的企业管理原则为基础。即安全管理者应该懂得管理的基本理论和原则。控制是管理机能（计划、组织、指导、协调及控制）中的一种机能。安全管理中的控制是指损失控制，包括对人的不安全行为、物的不安全状态的控制。它是安全管理工作的核心。

大多数正在生产的工业企业中，由于各种原因，完全依靠工程技术上的改进来预防事故既不经济，也不现实。只能通过专门的安全管理工作，经过较长期间的努力，才能防止事故的发生。管理者必须认识到，只要生产没有实现高度安全化，就有发生事故及伤害的可能性，因而他们的安全活动中必须包含有针对事故连锁中所有原因的控制对策。

在安全管理中，企业领导者的安全方针、政策及决策占有十分重要的位置。它包括生产及安全的目标，职员的配备，资料的利用，责任及职权范围的划分。职工的选择、训练、安排、指导及监督，信息传递，设备、器材及装置的采购、维修及设计，正常时及异常时的操作规程，设备的维修保养等。

管理系统是随着生产的发展而不断变化、完善的，十全十美的管理系统并不存在。由于管理上的缺欠，使得能够导致事故的基本原因出现。

（2）基本原因——起源论

为了从根本上预防事故，必须查明事故的基本原因，并针对查明的基本原因采取对策。

基本原因包括个人原因及与工作有关的原因。个人原因包括缺乏知识或技能，动机不正确，身体上或精神上的问题；工作方面的原因包括操作规程不合适，设备、材料不合格，通常的磨损及异常的使用方法等，以及温度、压力、湿度、粉尘、有毒有害气体、蒸汽；通风、噪声、照明、周围的状况（容易滑倒的地面，障碍物，不可靠的支持物，有危险的物体）等环境因素。只有找出这些基本原因才能有效地控制事故的发生。

所谓起源论，是在于找出问题的基本的、背后的原因，而不仅停留在表面的现象上。只有这样，才能实现有效地控制。

（3）直接原因——征兆

不安全行为或不安全状态是事故的直接原因。这一直是最重要的，而且必须加以追究的原因，但是，直接原因不过是像基本原因那样的深层原因的征兆，一种表面的现象。在实际工作中，如果只抓住了作为表面现象的直接原因而不追究其背后隐藏的深层原因，就永远不能从根本上杜绝事故的发生。另一方面，安全管理人员应该能够预测及发现这些作为管理缺欠的征兆的直接原因，采取恰当的改善措施；同时，为了在经济上可能及实际可能的情况下采取长期的控制对策，必须努力找出其基本原因。

（4）事故——接触

从实用的目的出发，往往把事故定义为最终导致人员肉体损伤、死亡，财物损失的，不希望的事件。但是，越来越多的安全专业人员从能量的观点把事故看作是人的身体或构筑物、设备与超过其阈值的能量的接触，或人体与妨碍正常生理活动的物质的接触。于是，防止事故就是防止接触。为了防止接触，可以通过改进装置、材料及设施防止能量释放，通过训练提高工人识别危险的能力、佩戴个人保护用品等来实现。

（5）伤害——损坏——损失

博德的模型中的伤害，包括了工伤、职业病，以及对人员精神方面、神经方面或全身性的不利影响。人员伤害及财物损坏统称为损失。

在许多情况下，可以采取恰当的措施使事故造成的损失最大限度地减少。例如，对受伤人员的迅速抢救，对设备进行抢修以及平日对人员进行应急训练等。

1.5.2　亚当斯的事故因果连锁

亚当斯（Edward Adams）提出了与博德的事故因果连锁论类似的事故因果连锁模型（见表1-7）。

表 1-7　亚当斯事故因果连锁论

管理体制	管理　失　误		现场失误	事故	伤害或损坏
目标	领导者在下述方面决策错误或没做决策	安技人员在下述方面管理失误或疏忽			
组织	政策 目标 权威 责任 职责 注意范围 权限授予	行为 责任 权威 规则 指导 主动性 积极性	不安全行为 不安全状态	事故	伤害 损坏
机能		业务活动			

在该因果连锁理论中，第四、五个因素基本上与博德理论的相似。这里把事故的直接原因——人的不安全行为及物的不安全状态称作现场失误。本来，不安全行为和不安全状态是操作者在生产过程中的错误行为及生产条件方面的问题。采用现场失误这一术语，其主要目的在于提醒人们注意不安全行为及不安全状态的性质。

该理论的核心在于对现场失误的背后原因进行了深入的研究。操作者的不安全行为及生产作业中的不安全状态等现场失误，是由于企业领导者及事故预防工作人员的管理失误造成的。管理人员在管理工作中的差错或疏忽，企业领导人决策错误或没有做出决策等失误，对企业经营管理及事故预防工作具有决定性的影响。管理失误反映企业管理系统中的问题。它涉及管理体制，即如何有组织地进行管理工作，确定怎样的管理目标，如何计划、实现确定的目标等方面的问题。管理体制反映作为决策中心的领导人的信念、目标及规范，它决定各级管理人员安排工作的轻重缓急、工作基准及指导方针等重大问题。

1.5.3 组织事故与瑞士奶酪模型

近年来，世界范围内发生了许多后果严重的重大事故，这些事故的发生往往都是由组织失误造成的。例如，切尔诺贝利核电站事故，2011年7月23日发生的甬温线动车事故等。

瑞森（James Reason）提出了组织事故的概念。所谓组织事故，是指由于组织活动引起的，其后果影响整个组织的事故。所谓组织活动，是指人们基于组织决策进行的活动。组织事故不是个别人活动的结果（个别人的活动完全受个人决策支配），而是作为整个组织活动的一环的行为造成的。

组织事故为什么会发生以及如何防止组织事故，是近年来受到广泛关注的课题。人们从社会学的角度研究组织内部的制度和文化；从经营学的角度研究不发生事故的高可靠性组织的特征；从社会心理学的角度研究组织因素对个人决策的影响等。

瑞森在20世纪90年代建立了瑞士奶酪模型解释事故的发生致因（见图1-8）。

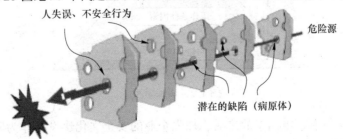

图 1-8 瑞士奶酪模型

针对系统中的危险源，人们采取了工程技术的、教育的和强制的多重防御措施控制危险源。当这些防御措施有缺陷时将丧失其防御功能。瑞森把每种防御措施比作一片奶酪，有缺陷的防御措施好像有孔洞的瑞士奶酪，当奶酪的孔洞连成一条线，即所有的防御措施缺陷遇到一起时，整个系统将彻底失去防御功能，导致事故发生。除了生产现场人员的不安全行为造成的防御措施缺陷之外，还有许多工作条件方面问题造成的潜在的防御措施缺陷，而这些潜在的缺陷是由于组织失误造成的。

瑞森认为，人的不安全行为是事故的直接原因，它的产生除了人员自身的原因之外，往往与所处的工作条件因素有关，有些工作条件可以引起、诱发人员的不安全行为。例如，不良的工作条件设计、不适当的自动化、不适当的工具和装置、无法执行的操作程序、监督不力、作业负荷过重或疲劳、时间要求紧迫、训练不充分或缺乏经验、不协调的工作氛围、不适当的倒班制度、不良的作业计划、人员配备不足、对危险认识不足、个体防护不当、低水平的作业小组，以及缺乏指导等。

工作条件方面的问题是组织失误的结果。组织失误往往体现在企业经营方针、组织结构、人事制度、监督管理者职责、各级各部门之间沟通、教育训练、维护管理、事故管理、应急以及企业安全文化等方面。

工作条件因素和组织失误也可能以某种潜在的方式直接导致防御措施缺陷（见图 1-9）。

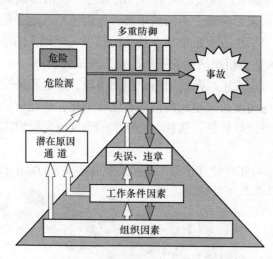

图 1-9　瑞森模型

在切尔诺贝利核电站事故之后，加强企业的安全文化建设被作为防止组织事故的重要措施。

1.6 变化的观点

世界是不断运动、变化着的，"唯一永恒的是根本没有什么东西是永恒的"。工业生产过程的诸因素也在不停地变化着，我们的事故预防工作也要随之改进，以适应变化了的情况。操作者不能或没有及时地适应变化，则将发生操作失误；外界条件的变化也会导致机械、设备等故障，进而导致事故。管理者不能或没有及时地适应变化，则将发生管理失误；企业不能或没有及时地适应内部或外部的变化，则将发生组织失误。

1.6.1 变化-失误分析

约翰逊（Johnson）很早就注意了变化在事故发生、发展中的作用。他把事故定义为一起不希望的或意外的能量释放，其发生是由于管理者的计划错误或操作者的行为失误，没有适应生产过程中物的因素或人的因素的变化，从而导致不安全行为或不安全状态，破坏了对能量的屏蔽或控制，在生产过程中造成人员伤亡或财产损失。图 1-10 所示为约翰逊的事故因果连锁模型。

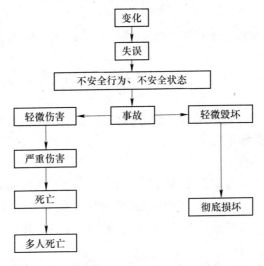

图 1-10 约翰逊的事故因果连锁模型

在系统安全研究中，人们注重作为事故致因的人失误和物的故障。按照变化的观点，人失误和物的故障的发生都与变化有关。例如，新设备经过长时间的运转，即时间的变化，逐渐磨损、老化而发生故障；正常运转的设备由于运转条件突然变化而发生故障等。

在安全管理工作中，变化被看作是一种潜在的事故致因，应该被尽早地发现并采取相应的措施。作为安全管理人员，应该注意下述的一些变化：

（1）企业外的变化及企业内的变化。企业外的社会环境，特别是国家政治、经济方针、政策的变化，对企业内部的经营管理及人员思想有巨大影响。例如，纵观新中国成立以后工业伤害发生状况可以发现，在"大跃进"和"文化大革命"两次大的社会变化时期，企业内部秩序被打乱了，伤害事故大幅度上升。针对企业外部的变化，企业必须采取恰当的措施适应这些变化。

（2）宏观的变化和微观的变化。宏观的变化是指企业总体上的变化，如领导人的更换，新职工录用、人员调整、生产状况的变化等；微观的变化是指一些具体事物的变化。通过微观的变化安全管理人员应发现其背后隐藏的问题，及时采取恰当的对策。

（3）计划内与计划外的变化。对于有计划进行的变化，应事先进行危害分析并采取安全措施；对于没有计划到的变化，首先是发现变化，然后根据发现的变化采取改善措施。

（4）实际的变化和潜在的或可能的变化。通过观测和检查可以发现实际存在的变化；发现潜在的或可能出现的变化则要经过分析研究。

（5）时间的变化。随时间的流逝，性能低下或劣化，并与其他方面的变化相互作用。

（6）技术上的变化。采用新工艺、新技术或开始新的工程项目，人们不熟悉而发生失误。

（7）人员的变化。人员的各方面变化影响人的工作能力，引起操作失误及不安全行为。

（8）劳动组织的变化。劳动组织方面的变化，交接班不好造成工作的不衔接，进而导致人失误和不安全行为。

（9）操作规程的变化。

应该注意，并非所有的变化都是有害的，关键在于人们是否能够适应客观情况的变化。另外，在事故预防工作中也经常利用变化来防止发生人失误。例如，按规定用不同颜色的管路输送不同的气体；把操作手柄、按钮做成不同形状防止混淆等。

应用变化的观点进行事故分析时，可由下列因素的现在状态、以前状态的差异来发现变化：

（1）对象物、防护装置，能量等。

（2）人员。

（3）任务、目标、程序等。

（4）工作条件，环境，时间安排等。

（5）管理工作，监督检查等。

约翰逊认为，事故的发生往往是多重原因造成的，包含着一系列的变化——失误连锁。例如，企业领导者的失误、计划人员失误、监督者的失误及操作者的失误等（见图1-11）。

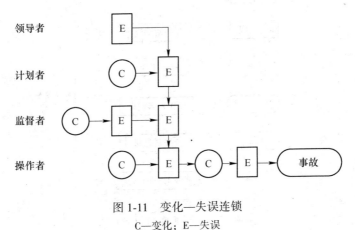

图 1-11　变化—失误连锁

C—变化；E—失误

例如，某化工装置事故发生经过如下：

变化前——装置安全地运转了多年；

变化 1 ——用一套更新型的装置取代；

变化 2 ——拆下的旧装置被解体；

变化 3 ——新装置因故未能按预期目标进行生产；

变化 4 ——对产品的需求猛增；

变化 5 ——旧装置重新投产；

变化 6 ——为尽快投产恢复必要的操作控制器；

失　误——没有进行认真检查和没有检查操作的准备工作；

变化 7 ——一些冗余的安全控制器没起作用；

变化 8 ——装置爆炸，6 人死亡。

图 1-12 所示为煤气管路破裂发生失火事故的变化——失误分析。由图 1-12 可以看出，从焊接缺陷开始，一系列变化和失误相继发生的结果导致了煤气管路失火事故。

1.6.2　P 理论

本尼尔（Benner）认为，事故过程包含着一组相继发生的事件。所谓事件是指生产活动中某种发生了的事物，一次瞬间的或重大的情况变化，一次已经避免了或已经导致了另一事件发生的偶然事件。因而，可以把生产活动看作是一组自觉地或不自觉地指向某种预期的或不测的结果的相继出现的事件，它包含生产系

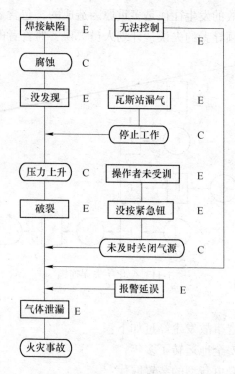

图 1-12　煤气管路破裂而失火的变化—失误分析

统元素间的相互作用和变化着的外界影响。这些相继事件组成的生产活动是在一种自动调节的动态平衡中进行的，在事件的稳定运动中向预期的结果方向发展。

　　事件的发生一定是某人或某物引起的，如果把引起事件的人或物称为"行为者"，则可以用行为者和行为者的行为来描述一个事件。在生产活动中，如果行为者的行为得当，则可以维持事件过程稳定地进行；否则，可能中断生产，甚至造成伤害事故。

　　生产系统的外界影响是经常变化的，可能偏离正常的或预期的情况。这里称外界影响的变化为扰动（perturbation），扰动将作用于行为者。

　　当行为者能够适应不超过其承受能力的扰动时，生产活动可以维持动态平衡而不发生事故。如果其中的一个行为者不能适应这种扰动，则自动动态平衡过程被破坏，开始一个新的事件过程，即事故过程。该事件过程可能使某一行为者承受不了过量的能量而发生伤害或损坏；这些伤害或损坏事件可能依次引起其他变化或能量释放，作用于下一个行为者，使下一个行为者承受过量的能量，发生串联的伤害或损坏。当然，如果行为者能够承受冲击而不发生伤害或损坏，则依据行为者的条件、事件的自然法则，过程将继续进行。

综上所述，可以把事故看作由相继事件过程中的扰动开始，以伤害或损坏结束的过程。这种对事故的解释叫做 P 理论。图 1-13 为该理论的示意图。

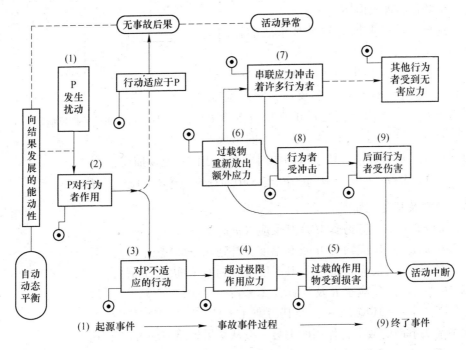

图 1-13　P 理论

1.6.3　变化-作用与作用连锁

佐藤吉信从系统安全的观点出发，提出了一种称作作用-变化与作用连锁模型（Action-Change and Action Chain Model）的新事故致因理论。该理论认为，系统元素在其他元素或环境因素的作用下发生变化，这种变化主要表现为元素的功能发生变化——性能降低。作为系统元素的人或物的变化可能是人失误或物的故障。该元素的变化又以某种形态作用于相邻元素，引起相邻元素的变化。于是，在系统元素之间产生一种作用连锁。系统中作用连锁可能造成系统中人失误和物的故障的传播，最终导致系统故障或事故。该模型简称为 A-C 模型。

通常，系统元素间的作用形式可以分成以下 4 类：

（1）能量传递型作用，用"a"表示。

（2）信息传递型作用，用"b"表示。

（3）物质传递型作用，用"c"表示。

（4）不履行功能型作用，即元素故障，用"f"表示。

为了表示元素间的作用，采用下面的特殊记号：

$Xa \rightarrow W$，作用 a 从元素 X 传递到 W；

$Xa \rightarrow W$（·），作用 a 从元素 X 传递到 W，并引起伤害或损坏（·）。

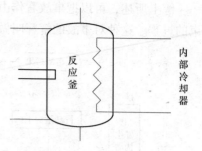

这样，可以根据导致某种事故的作用链来识别事故致因。

例如，图 1-14 所示的间歇处理反应器，反应釜 R 内物质发生放热反应，釜内温度、压力上升，当釜内温度超过正常反应温度 θ_1 并达到 θ_2 时反应釜破裂；反应釜内的生成物

图 1-14　间歇处理反应器

泄漏将严重污染环境。该事故的原因可由下述作用连锁描述：

$$M(m)a \xrightarrow{3} M(m')a \xrightarrow{2} M(m'')a \xrightarrow{1} R(·)c \xrightarrow{0} E(·)$$

系统要素及其变化如下：

$M(m)$——反应物质 M 及其反应（m）；

$M(m')$——反应物质 M 及其温度上升到 θ_1 的状态（m'）；

$M(m'')$——反应物质 M 及其温度上升到 θ_2 的状态（m''）；

$R(·)$——反应釜 R 及其破裂（·）；

$E(·)$——环境 $E(·)$ 及其污染（·）。

式中箭头下面的数字为作用的编号，按从结果到原因的方向排序。

根据 A-C 模型，预防事故可以从以下 4 个方面采取措施：

（1）排除作用源。把可能对人或物产生不良作用的因素从系统中除去或隔离开来，或者使其能量状态或化学性质不会成为作用源。

（2）抑制变化。维持元素的功能，使其不发生向危险方面的变化。具体措施有采用冗余设计、质量管理，采用高可靠性元素，通过维修保养来保持可靠性，通过教育训练防止人失误，采用耐失误技术等。

（3）防止系统进入危险状态。发现、预测系统中的异常或故障，采取措施中断作用连锁。

（4）使系统脱离危险状态。通过应急措施控制系统状态返回到正常状态，防止伤害、损坏或污染发生。

例如，针对图 1-14 所示的间歇处理反应器，可以采取的预防事故措施如下：

（1）排除故障源：

● 采用不生成污染性物质的工艺或原料；

● 将装置隔离起来。

（2）抑制变化：

● 采用虽能生成污染性物质却不发生放热反应的工艺或原料；

● 增加反应釜等装置的结构强度或改善运行条件，增加安全系数；

- 提高装置、系统元素的可靠性;
- 教育、训练操作者,防止发生人失误;
- 采用人机学设计防止人失误;
- 加强维修保养。

(3) 防止系统进入危险状态:

- 设置与工艺过程连锁的异常诊断装置,发现、预测异常;
- 设置保持反应釜内温度 θ_1 低于 θ_2 的内部冷却系统。

(4) 使系统脱离危险状态:

- 设置应急反应控制系统;
- 设置外部冷却系统。

采取这些预防事故措施后,间歇反应器及其安全措施形成图 1-15 所示的系统。

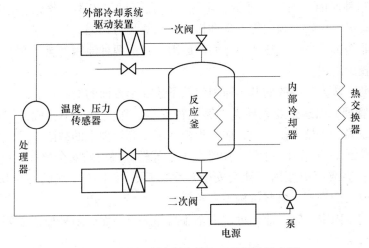

图 1-15　增加事故预防措施后的间歇反应器

1.7　复杂社会技术系统事故模型

作为安全工程主要研究对象的生产系统既是一个技术密集的系统,又是一个人造的、由人来运行的系统,技术与人以非常复杂的方式相互配合完成生产任务,技术和人组成复杂系统。在这种复杂系统中,事故的发生往往不是由技术或人单独引起的,而是人与技术相互关联并共同起作用导致的。"技术系统之上的是提供目的、目标和决策准则的社会系统。"作为社会的一部分,企业的安全生产状况必然要受到所在国家、地区的政治、经济、文化、科技发展水平等诸多因素的影响。这些由技术和人组成的生产系统存在于复杂的社会结构之中,因此生产系统又是一个复杂的社会-技术系统。

1.7.1　北川彻三的事故因果连锁

日本的北川彻三在 20 世纪 50、60 年代探讨事故发生原因时，不仅考虑企业内部而且关注企业外部因素，他提出的事故因果连锁模型在日本用来作为指导事故预防工作的基本理论。北川彻三从 4 个方面探讨事故发生的间接原因：

（1）技术原因。机械、装置、建筑物等的设计、建造、维护等技术方面的缺陷。

（2）教育原因。由于缺乏安全知识及操作经验，不知道、轻视操作过程中的危险性和安全操作方法，或操作不熟练、习惯操作等。

（3）身体原因。身体状态不佳，如头痛、昏迷、癫痫等疾病，或近视、耳聋等生理缺陷，或疲劳、睡眠不足等。

（4）精神原因。消极、抵触、不满等不良态度，焦躁、紧张、恐怖、偏激等精神不安定，狭隘、顽固等不良性格，白痴等智力缺陷。

在工业伤害事故的上述 4 个方面的原因中，前两种原因经常出现，后两种原因相对地较少出现。

北川彻三认为，事故的基本原因包括下述 3 个方面的原因：

（1）管理原因。企业领导者不够重视安全，作业标准不明确，维修保养制度方面的缺陷，人员安排不当，职工积极性不高等管理上的缺陷。

（2）学校教育原因。小学、中学、大学等教育机构的安全教育不充分。

（3）社会或历史原因。社会安全观念落后，在工业发展的一定历史阶段，安全法规或安全管理、监督机构不完备等。

在上述原因中，管理原因可以由企业内部解决，而后两种原因需要全社会的努力才能解决。

1.7.2　社会技术系统层级模型

技术的迅速进步和日益复杂导致出现许多高危险性的系统，这些系统存在于瞬息万变的动态环境下，如市场竞争、财政压力、法律法规要求，以及公众对安全的知情权等。这些动态环境已经成为现代社会的常态，并不断影响系统的安全运行。

拉斯姆逊（J. Rasmussen）认为，事故原因涉及包括政府机构、工业协会和保险公司、公司、管理、工程技术人员和操作者的整个社会-技术系统的复杂过程。他基于控制理论建立了一种作为事故前提的社会技术系统模型，这种社会技术系统模型具有层级构造（见图 1-16）。模型最顶层是政府，政府通过法律法规控制社会的安全实践；第二层是规范标准制定机构、工业协会和联合会，负责制

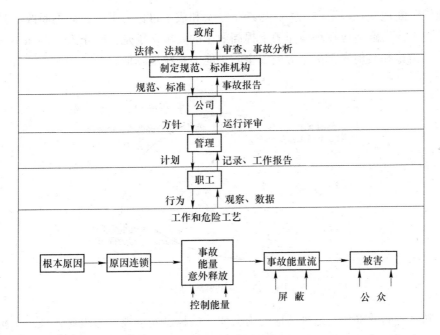

图 1-16 社会技术系统的层级构造

定法规标准；第三层是公司；第四层是由公司的各级领导、管理人员等组成的管理者；第五层是第一线直接从事生产活动的职工个人。最底层是有潜在危险的生产过程，包括能量、危险物质、机械设备、电气设备等。

社会技术系统的各个层级都受到日益增加的压力的作用，这些压力往往不可预测、瞬息万变，并对社会技术系统具有巨大影响。当系统的不同层级在不同时刻受到不同压力时，相应地某一层级在其他层级的约束下必须努力实现安全。每个层级的决策或行为失误都可能导致事故，不仅仅是处于较低层次的一线操作者。

在层级构造的社会技术系统中，较上层级做出的决策应该逐层向下传达，而较低层级的有关信息应该向上传递。这种信息的纵向流动形成闭环反馈系统，在整个社会技术系统安全方面发挥重要作用。

拉斯姆逊认为，安全取决于在系统运行环境压力和约束下对过程的控制，发生事故造成人员伤亡、环境污染以及经济损失，是系统运行过程失去了控制的结果。

操作者的行为依赖并受制于工作环境的动态状况。人们可以自由发挥功能的安全空间被 3 条边界包围着：个人可承受的工作负荷、财经制约，以及安全规程和程序（见图 1-17）。工作负荷压力导致人员改变工作方式以减少认知的或体力的消耗；在财经压力下为了降低成本，人们会采取更经济有效的工作策略；系统和组织不断地变化以适应压力、短期生产率和成本目标要求；人们不断改变其行为以使工作实践适应在环境压力下提高效率的要求。于是，防止人失误和不安全行为的措施和其他安全措施等的安全防护能力系统地降低。

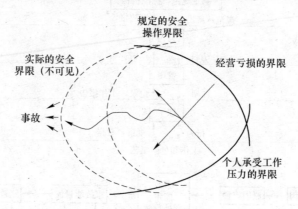

图 1-17　组织事故的原因

随着时间的推移，这种适应行为会使人员越过安全规程的边界，导致系统趋向功能上可接受的边界，如果失控超越了可接受的边界就将导致事故。尽管适应环境压力的过程是缓慢的，但是确实为事故准备了舞台。许多重大事故报告表明，事故不是个别故障和人员失误的巧合，而是在剧烈的竞争环境中组织的行为系统地退化到事故的边缘。

拉斯姆森认为，为了防止事故需要辨识安全运行的边界以及可能导致社会技术系统趋向或越过边界的动态压力。

伍兹（Woods）认为，组织和人员失误是应对复杂局面的适应性问题。在激烈的竞争中，组织必须不断地变化以适应各种压力、生产率和成本目标要求。当成本和生产率目标在管理决策中占支配地位时，随着时间的推移安全防护能力将系统地降低。事故是由于"面对生产压力和变化安全防护措施受到侵蚀而发生的"。

根据这种观点，建设安全文化永无止境，因为它必须与环境的压力作斗争，而改善安全文化需要关注应对影响人员行为的环境条件的问题。

1.7.3　系统理论事故模型

随着科学技术，特别是信息技术的进步和社会的多元化，我们面临的社会技术系统越来越复杂，在原有危险源的基础上不断出现新类型的危险源。

新技术带给我们许多未知的东西，甚至是未知的未知（unk-unks）。新技术开发越来越快了，人们无暇精心验证系统和设计以弄清所有潜在的性能和危险。新技术不仅带来新的危险源和危险性，而且一旦发生事故其后果往往更加严重。

系统越来越复杂，以至于人们不能完全掌握所设计系统元素之间许多潜在的相互作用。相互作用的复杂性和耦合度的增加使得设计者也很难考虑到所有可能的系统状态，或者使得操作者很难安全有效地应付各种情况。人越来越多地与计算机共同承担系统控制任务，共同做出较高层次的决策。这导致出现人失误的新类型，并且系统或人机界面的缺陷造成的人机之间信息沟通不充分越来越成为产生事故的重要原因。

在系统理论中，安全是系统元素在一定环境下相互作用表现出的涌现（emergent）特性。涌现特性受到与系统元素行为有关的约束（constraint）的控制。莱文森（Leveson N. G.）认为，事故致因中除了故障和人失误之外，还有元素之间非功能性的相互作用（dysfunctional interactions）。由于缺乏适当的约束来控制元素之间的相互作用而发生的事故称为系统事故（system accident）。相应地，防止事故需要辨识和消除或者减轻系统元素之间的不安全的相互作用。

莱文森建立了基于系统理论的系统理论事故模型 STAMP（systems-theoretic accident model and processes），根据该模型，复杂社会技术系统呈层级构造。在公司之上有两个层级：最高层级是国会和州的立法机关，下一个层级包括政府立法机构、工业协会、消费者协会、保险公司，以及法院系统。

每个层级都比下一层级更复杂，每个层级都具有涌现特征。安全可以被看作是控制问题，安全被嵌入社会-技术系统中的控制系统管理。这些控制系统运行在层级之间的交界面处以强化约束产生安全行为。每个层级施加约束于它下面的层级，即较高层级的约束控制较低层次的行为。实施这些约束的控制过程，将限制系统行为安全的改变，以适应自身的和环境的变化。

该模型直接反映了社会和组织因素，诸如组织结构缺陷、安全文化方面的缺陷，以及管理决策和控制不足等，并且将其作为一个复杂的过程来处理。

根据这种理论，在整个系统寿命期间内应通过复杂社会技术系统各层级特别是较高层级的控制活动不断强化安全约束，实现系统安全。也就是说，防止事故需要复杂社会技术系统各个层级的共同努力，其中较高层级的作用尤为重要。

思 考 题

1-1 如何评价事故频发倾向论？

1-2 海因里希工业安全理论的科学性和局限性如何？

1-3 按人的不安全行为、物的不安全状态和管理缺陷 3 方面统计事故原因是否科学，为什么？

1-4 如何防止管理失误？

1-5 不同的事故致因理论如何认识人的因素和物的因素的地位？

1-6 根据能量意外释放理论，应该如何采取措施防止伤亡事故发生？

1-7 何谓组织事故，为什么组织事故会发生，怎样防止组织事故？

1-8 根据事故致因理论，谁应该对事故预防负责，应负什么责任？

2 人失误与不安全行为

2.1 人失误概述

2.1.1 人失误的定义

按系统安全的观点，人也是构成系统的一种元素。当人作为一种系统元素发挥功能时，会发生失误。与人的不安全行为类似，人失误这一名词的含义也比较含蓄而模糊。人们对它做了种种定义，对其含义加以解释。其中，比较著名的论述有下面两种：

（1）皮特（Peters）定义人失误为，人的行为明显偏离预定的、要求的，或希望的标准，它导致不希望的时间拖延、困难、问题、麻烦、误动作、意外事件或事故。

（2）里格比（Rigby）认为，所谓人失误，是指人的行为的结果超出了某种可接受的界限。换言之，人失误是指人在生产操作过程中，实际实现的功能与被要求的功能之间存在偏差，其结果可能以某种形式给系统带来不良的影响。根据这种定义，斯文（Swain）等人指出，人失误发生的原因有两个方面的问题：由于工作条件设计不当，即规定的可接受的界限不恰当，超出了人的能力范围造成的人失误，以及由于人的不恰当的行为引起的人失误。

综合上面两种论述，人失误是指人的行为的结果偏离了规定的目标，或超出了可接受的界限，并产生了不良的后果。

从系统可靠性的角度，人作为系统元素也有个可靠性的问题。当人在规定的条件下、规定的时间内没有实行规定的功能时，则称发生了人失误。

关于人失误的性质，许多专家进行了研究。其中，约翰逊（W. G. Johnson）关于人失误问题做了如下的论述：

（1）人失误是进行生产作业过程中不可避免的副产物，可以测定失误率。

（2）工作条件可以诱发人失误，通过改善工作条件来防止人为失误，比对人员进行说服教育、训练更有效。

（3）关于人失误的许多定义是不明确的，甚至是有争议的。

（4）某一级别人员的人失误，反映较高级别人员的职责方面的缺陷。

（5）人们的行为反映其上级的态度，如果凭直觉来解决安全管理问题，或靠侥幸来维持无事故的纪录，则不会取得长期的成功。

（6）惯例的编制操作程序的方法有可能促使失误发生。

作为事故致因因素的人的因素，海因里希关注了人的不安全行为，后来人失误问题又引起了广泛关注。人的不安全行为与人失误相互区别又相互关联，有时很难区分。它们的主要区别如下：

（1）人的不安全行为是导致事故的直接原因；人失误不一定直接导致事故。

（2）人的不安全行为主体是在（或曾经在）事故现场的人员，一般是生产操作者；人失误的主体可以是不同工作岗位的人员，如设计者、制造者、维修者、管理者等各类人员。

（3）防止不安全行为采用 3E 原则中的教育和强制比较有效；防止人失误采用 3E 原则中的工程技术和教育比较有效。

（4）人的不安全行为本身往往是错误的；人失误时行为本身往往不错，而是进行过程中偏离了预定的目标。换言之，人的不安全行为往往是有意识的（故意的）错误行为，而人失误的发生往往是无意识的。

实际上，按照人失误的定义，人的不安全行为也可以看作是一种人失误，直接导致事故的人失误也可以看做人的不安全行为。一般来讲，不安全行为是操作者在生产过程中发生的、直接导致事故的人失误，是人失误的特例。

2.1.2 人失误的分类

在安全工程研究中，人们为了寻找人失误的原因，以便采取恰当措施防止发生人失误，或减少人失误发生概率，对人失误进行了分类。人失误分类方法很多，其中下面一些分类方法比较常用。

2.1.2.1 按人失误原因分类

里格比按人失误原因把人失误分为随机失误、系统失误和偶发失误三类。

（1）随机失误（random error）。随机失误是由于人的行为、动作的随机性质引起的人失误。例如，用手操作时用力的大小、精确度的变化，操作的时间差，简单的错误或一时的遗忘等。随机失误往往是不可预测、在类似情况下不能重复的。

（2）系统失误（system error）。系统失误是由于系统设计方面的问题或人的不正常状态引起的失误。系统失误主要与工作条件有关，在类似的条件下失误可能发生或重复发生。通过改善工作条件及职业训练能有效地克服此类失误。系统失误又有两种情况：

- 工作任务的要求超出了人的能力范围。
- 操作程序方面的问题。在正常作用条件下形成的下意识行为、习惯使人们不能适应偶然出现的异常情况。

（3）偶发失误（sporadic error）。偶发失误是一些偶然的过失（fanx pas）行为，它往往是设计者、管理者事先难以预料的意外行为。许多违反安全操作规程、违反劳动纪律等行为都属于偶发失误。

应该注意，有时对人失误的分类不是很严格的，同样的人失误在不同的场合可能属于不同的类别。例如，坐在控制台前的一名操作工人，为了扑打一只蚊子而触动了控制台上的启动按钮，造成了设备误运转，属于偶发失误。但是，如果控制室里蚊子很多，又无有效的灭蚊措施，则该操作工人的失误应属于系统失误。

2.1.2.2　按人失误的表现形式分类

按人失误的表现形式，把人失误分为如下三类：

（1）遗漏或遗忘（omission）。

（2）做错（commission），其中又可分为以下几种情况：

- 弄错；
- 调整错误；
- 弄颠倒；
- 没按要求操作；
- 没按规定时间操作；
- 无意识的动作；
- 不能操作。

（3）进行规定以外的动作（extraneous acts）。

2.1.2.3　按人失误发生的阶段分类

按人失误发生在生产过程的不同阶段，把人失误分成6类：

（1）设计失误。在工程或产品设计过程中发生的人失误，如设计计算错误、方案错误等。

（2）操作失误。操作者在操作过程中发生的失误，是人失误的基本种类。

（3）制造失误。制造过程中技术参数不符、用料错误、不符合图纸要求等。

（4）维修失误。错误地拆卸、安装机器、设备等维修保养失误。

（5）检查失误。漏检不合格的零部件，或把合格的零部件当作不合格处理。

（6）储存、运输失误。没有按照厂家要求储存、运输物品。

除上述几种分类方法外，还有PSTE（personnel subsystem test and evaluation）分类法等。

2.2　人的信息处理过程

2.2.1　人的行为原理

关于人的行为，这是一个非常复杂的问题。在工业生产过程中，人是最活跃的生产力要素，人的行为直接影响生产效率和生产安全。与机械设备在人们规定的约束条件下运转相比，人有较大的行动自由性；与机械设备性能、性能的一致性、稳定性相比，人的许多性能不如机械设备，存在明显的个体差异和不稳定。人的行为遵循着"人的原理"。所谓人的原理，包括生物学原理、心理学原理、文化原理及社会学原理等许多原理。在安全工程研究中，主要从人的生物学原理、心理学原理来研究人的行为，有时也会涉及文化原理和社会学原理。

早期的心理学认为，某种一定的外界刺激必然引起人的某种一定的反应，即认为人的行为是对外界刺激的机械反应。这种认识被称为 S（刺激）→R（反应）模式。实际上，对于相同的外界刺激，不同的人或同一个人在不同情况下，会产生不同的反应。S→R 模式不能很好地说明个体的心理状态及其所处的外界条件，使表现出的反应具有多样性这一问题。

德国心理学家莱文（Kurt Lewin）考虑了"个体"对人的行为的影响，把行为定义为个体与环境相互作用的结果。他认为，人的行为是有起因的，是受激励的，是有目的的。于是，人的行为模式可表示为 S（刺激）→O（个体）→R（反应），这是一个不断循环的过程。图 2-1 为莱文的行为模式示意图。

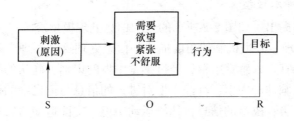

图 2-1 莱文的行为模式

莱文提出的行为原理也可表达为下面的公式

$$B = f(P, E) \tag{2-1}$$

即，人的行为 B（behavior）是变量"人"P（people）和"环境"E（environment）的函数。环境是指客观外界环境。值得注意的是，这里的人的因素和环境因素不是互相独立的，而是相互关联的两个变量。一般地，人的因素会受到环境因素的影响而发生变化。

考虑事故的发生是人的行为的结果，日本的鹤田根据上述模型提出了事故发生的模型为

$$A = f(P, E) \tag{2-2}$$

式中，A 代表事故，即事故的发生是由于人的因素和环境因素相互关联、共同作用的结果。

人的因素是人的行为的内因，人的行为取决于个体对外界刺激的处理。在工

程研究中，把外界刺激称作信息，把对外界刺激的处理称作信息处理。人的信息处理过程的特征是人的因素的重要方面。个人经验、技能、素质、性格等长时期内形成的特性，以及事故发生时相对短的时间里人的状态，如疲劳和兴奋等，影响人的信息处理过程。

环境因素是人的行为的外因。它包括生产作业条件、作业性质、机械、设备特性，以及操作者周围的人组成的人的环境（人际关系）。一般说来，生产作业条件对人的行为有重大的影响；当人际关系恶化时，有时也会影响人的行为，进而造成事故。

2.2.2　信息处理过程模型

1960 年，韦尔福德（A. T. Welford）根据人的认识、行为的基本原理，提出人的信息处理过程可以简单地表示为输入→处理→输出。输入是人经过感官接受外界刺激或信息的过程；处理是大脑把输入的刺激或信息进行选择、比较、判断和记忆，做出决策；输出是通过运动器官和发音器官把决策付诸实现的过程。

随着人们认识的深入，相继出现了许多说明人的信息处理过程的模型。

2.2.2.1　桥本模型

日本的桥本提出了如图 2-2 所示的人的信息处理模型。

图 2-2 从生理、心理机制的角度描述了信息处理这一心理学过程。外界信息经过人的感觉器官进入感觉中枢，经过感觉中枢的识别、确认的初步加工，把有用的信息送入大脑神经中枢；神经中枢对进入的信息与记忆中的信息比较做出判断，进而做出决策；决策的信息传达给运动中枢，支配运动器官产生行动或发音器官产生语言。大脑旧皮质、视网膜下部、内脏等生理功能都会影响人的信息处理过程。

2.2.2.2　人的计算机模型

在控制论、信息论、计算机科学的影响下，产生了以信息处理观点为特征的认知心理学。在认知心理学的研究中，把人的信息处理过程与计算机的信息处理过程相类比，发现两者有许多相似之处。例如，典型工业控制计算机系统通常包括主 CPU 和辅助 CPU 两级 CPU：各种传感元件接受外界信息并将其传送给输入 CPU，经输入 CPU 处理过的信息送到主 CPU 处理，主 CPU 发出的指令送到输出 CPU，输出 CPU 控制相应的控制机构，完成控制任务。若把人比作计算机，则"人的计算机"的结构如图 2-3 所示。

尽管人与计算机的信息处理过程十分相似，人们往往通过研究计算机的信息处理过程来研究人的信息处理过程，然而人毕竟不是机器，两者的差异是不可忽视的。"人的计算机"与实际计算机之间的主要区别在于人是有生命的系统，"人的计算机"除了包括与计算机类似的输入、输出 CPU 和作为主 CPU 的新 CPU

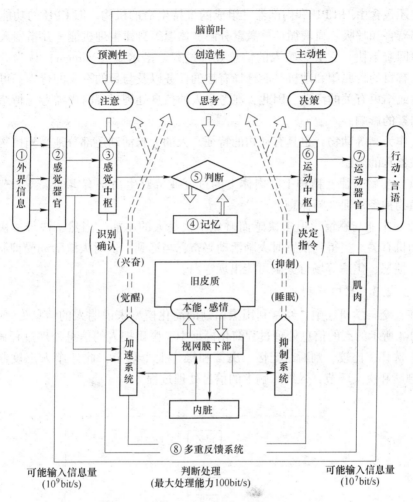

图 2-2　人的信息处理过程示意图

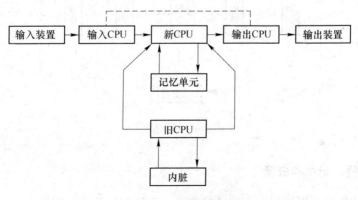

图 2-3　"人的计算机"

之外，还包含由旧 CPU 和内部器官组成的维持生命的机构。旧 CPU 的功能是控制内部器官和呼吸、血液循环、激素分泌、体温等自律生理机能，并指使人追求快感而回避不快，它会影响人的信息处理过程。诺尔曼（Norman）认为，生命系统具有目的、愿望和动机，能选择有趣的任务以及与目的有关的行为，可以适时开始或结束有关的活动。因此，在考察人的信息处理过程时尚需考虑情绪、动机等因素的影响。

人作为高等动物，也具有动物的特征。人的大脑活动还部分地受到植物神经及内脏器官的限制。

（1）生物节律。精神上、肉体上的过度疲劳对生命是有害的。当疲劳出现时，植物神经催促大脑休息。

（2）本能与感情。追求快感而避免不快是人的本能。当然，快与不快还与人的动机有关。当得到快感时大脑活动兴奋；当遇到不快时大脑活动受抑制；在恐惧、愤怒、焦虑等场合大脑可能出现空白。

2.2.2.3　黑田模型

在安全科学研究中，经常利用黑田勋的简化模型来说明人的信息处理过程。在图 2-4 所示的人的信息处理过程简化模型中，黑田把人的信息处理过程概括为知觉、选择、比较、判断、记忆、决策和操作七个环节，此外个人态度制约选择、判断和决策环节，最终影响人的信息处理过程。

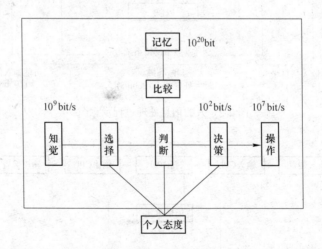

图 2-4　黑田模型

2.2.3　选择、记忆和决策

在人的信息处理过程中，信息的选择、记忆和决策十分重要。

2.2.3.1 选择

人的视、听、味、嗅、触觉器官同时接收大量的外界信息。感觉器官接收的信息以约每秒10^9比特的速度向大脑中枢神经传递。另外，作为信息处理中心的大脑的信息处理能力却非常低，其最大处理能力仅为每秒100bit左右。感觉器官接收的信息量大而大脑处理信息能力低，出现了"瓶颈"现象。为了克服"瓶颈"现象，在大脑中枢处理之前要对感官接收的信息进行预处理，即对接收的信息进行选择。在信息处理过程中，人通过注意来选择输入信息。

在心理学中，注意是人的心理活动对一定对象的指向和集中。指向性是指信息处理的选择性，人在某一时间只处理某些信息；集中性是指专心处理某些信息而撇开其他信息。

莫瑞（Moray）指出，从信息处理的角度注意包括六种功能：

（1）选择性。在众多的信息中选择一部分信息，一般地选择来自一种感官的信息。

（2）集中性。局限于特定的感觉，跟踪某种特定的对象而排除无关的信息。

（3）搜寻。从一些信息中搜寻出一部分信息。

（4）激活。应付一切可能出现的刺激。

（5）定势。接收特定的刺激并作出反应。

（6）警觉。对当前没被选择的强大的刺激或信息仍保持警觉。

在注意的各种功能中，最重要的是选择性。人一次只能注意一件事情。把注意与有限的短期记忆能力、决策能力结合起来，选择在每一瞬间应处理哪种输入的信息。通过选择舍弃一部分信息，有利于有效地处理重要的信息。

注意在防止人失误和不安全行为、预防事故中具有重要意义。安全教育的一个重要内容就在于使操作者掌握操作过程中在什么时候应该注意什么。警告是一种唤起人员注意的技术措施，它让人员把注意力集中于可能会被漏掉的信息。

2.2.3.2 记忆

经过预处理后的输入信息被存储于记忆中，积累为知识和经验供以后运用。记忆是对过去经验的保留和恢复的过程，它包括记（识记、保持）和忆（再认或回忆）。识记是识别和记住，保持是巩固已经获得的知识经验；再认是以前经历过的事物再次出现时能够辨认出来，回忆是把以前经历过的事物重新呈现出来。从信息处理的角度，记忆是人脑对输入的信息进行输入、编码、存储和提取的过程。人脑具有惊人的记忆能力，正常人的脑细胞总数多达100亿个，其中有意识的记忆容量为1000亿bit，下意识的记忆容量为100亿bit。

记忆包括长期记忆（long-term memory）和短期记忆（short-term memory）两种记忆，它们彼此独立又相互联系，形成一个统一的记忆系统。输入的信息首先进入短期记忆中。短期记忆是信息进入长期记忆前的一个容量有限的缓冲器和加工器。短期记忆的特点是记忆时间短（约 15～30s，有的心理学书中把保持信息在 1min 以内的记忆称为短期记忆），过一段时间就会忘记，并且记忆容量有限（7±2 个单元），当人记忆 7 位数时就会出错。当干扰信息进入短期记忆中时，短期记忆里原有的信息被排挤掉，发生遗忘现象。由于短期记忆的脆弱性，在工作被突然中断的情况下，可能导致事故。经过多次反复记忆，短期记忆中的东西就进入了长期记忆。

长期记忆可以使信息长久地，甚至终生不忘地在头脑里保存下来。人的长期记忆容量几乎是无限的，可达 10^{20}bit。人的知识、经验都被保存在长期记忆中。

从长期记忆中提取信息有再认和回忆两种形式。

再认可以看作知觉和记忆的信息连续处理过程。人在识别某一事物时，一方面要不断对该事物进行知觉分析，同时还要利用已有的知识经验，即提取在长期记忆中存储的有关信息，对知觉到的各种特征进行分析比较，经过多层次的连续检验，最后达到再认。再认是一种主动的、有组织的信息处理过程，即使是最简单的再认，也必须对所储存的信息进行复杂的加工。

回忆是把以前经历过的事情在头脑中重新呈现并加以确认的心理过程。回忆并不是简单、机械地恢复过去形成的映象，它包括对记忆中的信息的加工处理和重组。回忆时过去的知识经验随着活动的任务、人的兴趣、情绪状态和原有的知识经验而被改变或改造。人在回忆时常要动员全部的有关经验，并把有关经验"筛选"后才能找到所需要的经验。记忆是在有关经验中建立联系，而回忆主要依靠许多联系的复现。联系越丰富，越系统化，回忆就越容易。

在信息处理过程中为了识别输入的信息、做出决策及监督复杂的输入，需要从长期记忆中招回以前存入的信息。招回的信息被放在短期记忆中以供利用。一个人可能已经记住了操作规程，但在实际工作时却可能没有执行它。其中的一个重要原因是，当前的工作任务没有提示或要求他把学过的东西从长期记忆中招回来。在这种情况下，需利用警告或监督，提示操作者把事先学过的规程从长期记忆中招回来。

针对输入的信息，长期记忆中的有关信息（知识、经验）被调出并暂存于短期记忆中，与进入短期记忆中的输入信息比较，进行识别、判断，然后做出决策，选择恰当的行为。

2.2.3.3　决策

正确的决策是实行正确行为的前提。为了做出正确的决策，人们必须收集有关的信息，消除工作任务方面不明确的东西。即弄清进行该项工作的必要条件，以及所蕴含的危险。当信息充分、正确时，依据这些信息才能做出正确的决策，可以安全地完成工作任务。由于能够预测生产过程中可能出现的危险，才能有效地采取措施避免事故；当输入的信息不清晰、难于分辨行为的恰当与否，或没有从长期记忆中招回恰当行为的信息时，则可能选择错误的行为，因此，在生产过程中应该向操作者提供充足、正确的外界信息，并通过各种形式的安全教育，使人们掌握尽可能多的信息。

一般来说，做出决策需要时间。大脑的决策机构一次只能做一项决策；在一项决策被完成之前，一直阻碍进行后面的决策。在工作任务紧迫的情况下，往往由于没有充裕的决策时间而发生失误。多数情况下，失误发生的可能性与决策时间成反比，即供决策的时间越短，发生人失误的可能性越大。影响决策所需时间的主要因素有：

（1）决策的准备及注意。

（2）可能输入的信息量或可供选择的行为方案的多少。

（3）输入的信息与行为方案间的关联情况。

（4）个体差异。

但是，做出一项简单的决策，仅仅需要不到 1s 的时间，并且从一项决策转向另一项决策是一种无意识的行为，特别是，熟练技巧可以使人不经决策而下意识地进行条件反射式的行为。所以，有些时候人们可以同时做几件事情。

除了获取充足的外界信息，具有丰富的知识和经验，以及充裕的决策时间外，个人态度、个人决策能力及执行决策的能力等因素，对决策过程也有重要影响。

大脑中枢做出的决策指令经过神经传达到相应的运动器官（或发音器官），转化为行为。运动器官动作的同时，把关于动作的信息经过神经反馈给大脑中枢，对行为的进行情况进行监测。进行已经熟练的行为时，一般不需要监测，并且在行为进行的同时可以对输入的新信息进行处理。

为了正确地实行决策所确定的行为，机械设备、用具及工作环境符合人机学要求是非常重要的。

2.3　信息处理过程与人失误

按照人失误的定义，人失误将以某种方式给系统带来不良影响。从事故预防的角度，我们更关心那些可能导致伤亡事故的人失误，研究它们的产生原因和预防方法。

人的行为失误其实质是人的信息处理的失误，即对外界刺激（信息）的反应失误。威格里沃思（Wiggleworth）曾经指出，人失误构成了所有类型伤害事故的基础。他把人失误定义为"错误地或不适当地回答一个外界刺激"。在生产操作过程中，各种刺激不断出现，若操作者对刺激做出了正确、恰当的回答，则事故不会发生；如果操作者的回答不正确或不恰当，即发生失误，则有可能造成事故。如果客观上存在着发生伤害的危险，则事故能否造成伤害取决于各种机会因素，即伤害的发生是随机的。他的事故模型如图2-5所示。

以下介绍两种从信息处理过程的角度阐述人失误发生机理的模型。

2.3.1　莎莉模型

莎莉（Surry）以萨切曼（Suchman）的事故发生的流行病学模型为基础，提出了以人失误为主因的事故模型。

流行病学主要研究疾病或其他生物学过程与特定的环境间的关系，即疾病是如何通过宿主、

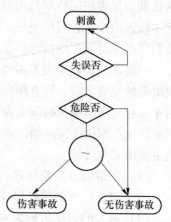

图 2-5　威格里沃思模型

病因及环境间的相互作用而发生的。萨切曼根据流行病学的原理，把事故定义为冒险，是在意识到危险性的情况下，主体（host）、媒介（agent）及环境因素之间相互作用产生的、预想不到的、不可避免的事件。其中，主体为受伤害者；媒介为造成伤害或损坏的加害物；环境是指事故发生的物理的、社会的及心理的环境特征。

莎莉假设由于人的行为失误造成危险出现；在危险当前的情况下，由于人的失误导致危险释放，造成伤害或损坏。于是，她把伤亡事故发展过程划分为危险出现和危险释放（造成伤害）两个阶段；每个阶段都涉及人的信息处理过程。她着重考虑了信息处理过程中的如下环节：

（1）危险的警告。在生产现场是否有关于危险即将出现或危险即将释放的警告（信息、刺激）。

（2）知觉警告。人员是否知觉了关于危险即将出现或危险即将释放的警告。

（3）认识警告。在已经知觉了警告的情况下是否认识了警告，即是否理解了警告的含义，认识到危险即将出现或危险即将释放。

（4）认识回避。在认识了警告的情况下是否认识到需要采取措施回避危险。

（5）决心回避。在认识到需要回避危险的情况下是否决心采取措施回避危险。

（6）回避能力。能否成功地采取措施回避危险。

信息处理过程中的每个环节的失误都会使情况恶化，造成危险出现或危险释放（见图2-6）。

由图2-6可以看出，在人的信息处理过程中有很多发生失误而导致事故的机会。该模型适用于描述危险局面出现得比较缓慢，如不及时改正则有可能发生事故的情况下，人员的信息处理过程与伤害事故之间关系。即使对于描述发展迅速

的事故，也具有一定的参考意义。

2.3.2　金矿山人失误模型

劳伦斯（Lawrence）在威格里沃思和莎莉等人的人失误模型基础上，提出了金矿山中以人失误为主的事故原因模型。图 2-7 为该模型的示意图。

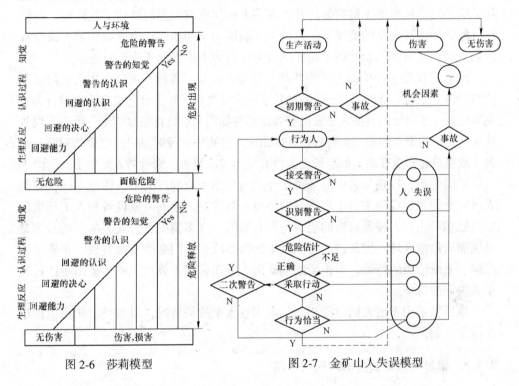

图 2-6　莎莉模型　　　　　　　　　图 2-7　金矿山人失误模型

在矿山生产过程中可能有某种形式的信息，警告人员应该注意危险的出现。

对于在生产现场的某人（行为人）来说，关于危险出现的信息叫作初期警告。在没有关于危险出现的初期警告的情况下发生的伤害事故，往往是由于缺乏有效的检测手段，或者管理人员事先没有提醒人们存在着危险因素，行为人在不知道危险的情况下发生的事故，属于管理失误造成的事故。在存在初期警告的情况下，人员在接受、识别警告，或对警告做出反应方面的失误都可能导致事故：

（1）接受警告失误。尽管有初期警告出现，可是由于警告本身不足以引起人员注意，或者由于外界干扰掩盖了警告、分散了人员的注意力，或者由于人员本身的不注意等原因没有感知警告，因而不能发现危险情况。

（2）识别警告失误。人员接受了警告之后，只有从众多的信息中识别警告、理解警告的含义才能意识到危险的存在。如果工人缺乏安全知识和经验，就不能正确地识别警告和预测事故的发生。

（3）对警告反应失误。人员识别了警告而知道了危险即将出现之后，应该采取恰当措施控制危险局面的发展，或者及时躲避危险。为此应该正确估计危险性，采取恰当的行为及实现这种行为。

人员根据对危险性的估计采取相应的行为避免事故发生。人员由于低估了危险性而对警告置之不理，因此对危险性估计不足也是一种失误，一种判断失误。除了缺乏经验做出不正确判断之外，许多人往往麻痹大意而低估了危险性。即使在对危险性估计充分的情况下，人员也可能因为不知如何行为或心理紧张而没有采取行动，也可能因为选择了错误的行为或行为不恰当而不能摆脱危险。

（4）二次警告。矿山生产作业往往是多人作业、连续作业。行为人在接受了初期警告、识别了警告，并正确地估计了危险性之后，除了自己采取恰当的行为避免事故外，还应该向其他人员发出警告，提醒他们采取防止事故措施。行为人向其他人员发出的警告叫做二次警告。在矿山生产过程中，及时发出二次警告对防止伤害事故也是非常重要的。如果行为人没有发出二次警告，则行为人发生了人失误。

矿山生产，特别是其中的采掘作业，与其他工业部门的生产作业不同，威胁人员安全的主要危险来自于自然界的环境。与控制人造的机械设备和人工环境的危险性相对比，人控制自然的能力是很有限的。许多情况下，人们唯一的对策是迅速撤离危险区域。因此，为避免发生伤害事故，人们必须及时发现、正确估计危险、采取恰当的行动。劳伦斯的金矿山人失误模型正确地反映了矿山生产过程中人失误的特征。

该模型适用于研究同时或相继几个人卷入事故的情况，以及类似矿山生产的连续生产的情况。

2.3.3 信息处理过程中的人失误倾向

如前所述，人的感觉器官接受的信息量大，而大脑处理信息的能力低，导致在信息处理过程中出现"瓶颈"现象。为了解决大脑在信息处理时的"瓶颈"现象，在信息预处理阶段要对接受的信息进行取舍、压缩及变形等处理。这就决定了人在信息处理过程中具有发生失误的倾向。

黑田认为，新工人的失误往往是由于缺乏经验，而老工人的失误往往是由于大脑信息处理过程中对信息压缩处理产生的。

信息处理过程中的一些倾向包括：

（1）简单化。人具有图省力、把事物简单化的倾向。如在工作中把自认为与当前操作无关的步骤舍去，或拆掉安全防护装置等。

（2）依赖性。人具有依赖性。喜欢依赖他人，如上、下级、同事等，或依赖它物，如规程、说明书及自动控制装置等。

（3）选择性。对输入的信息进行迅速的扫描并选择，按信息的轻重缓急排队处理和记忆。这使得人们的注意力过分地集中于某些特定的东西（操作、规程或显示装置）而忽视其他。

（4）经验与熟练。人对于某项操作达到熟练以后，可以不经大脑处理而下意识地直接行动。这一方面有利于熟练地、高效地工作；另一方面这种条件反射式的行为在一些情况下，如应急情况下，是有害的。

（5）简单推断。当眼前的事物与记忆中的过去的经验相符合时，就认为事物将按经验那样发展下去，对其余的可能性不加考虑而排斥。

（6）粗枝大叶、走马观花。随着对输入信息的扫描范围和速度的增加，容易忽略细节，舍弃定量而收集一些定性的信息。

这些倾向的不利方面是造成人失误的原因。为了克服它们，在工艺及操作、设备等的设计中要采取恰当的技术措施。例如，在设计警告装置时，要充分考虑如何把操作者从过度的精神集中下解放出来；针对应急情况进行训练、演习，避免条件反射式的动作等。

2.4 心理紧张与人失误

2.4.1 信息处理能力与心理紧张

人在一定的客观环境的要求下会产生一定程度的心理紧张（stress）。心理紧张是个体的主观体验，是在人和客观环境的相互作用下产生的一种复杂的心理现象。心理学研究中，把客观环境中某些被人感知为可能产生令人不快的事情的情境称作"充满紧张的情境"，人在知觉、评价这些情境的过程中主观地体验到紧张。被人知觉的情境的要求越大，人的心理紧张程度越高。

在生产操作过程中，影响人员心理紧张的情境因素主要有：

（1）任务要求。如持续注意的要求、信息处理的要求、操作的形式和内容的要求等。

（2）环境条件。如温度、湿度、照明、噪声、气味等物理的环境条件。

（3）企业组织状况。如组织的类型、组织的风气、人际关系等。

（4）企业组织外因素。如社会的要求、文化水准、经济形势等。

在相同的情境下人员的心理紧张程度与个体特征有关，如动机、态度、技能、知识、经验、年龄、营养、健康状况、体力等一般状况，以及饮酒、疲劳等生理因素，不安、焦虑等心理因素。

在心理学研究中，把能够引起人员心理紧张的各种因素称作紧张源。方俐洛等编著的《劳动心理学》把各种引起心理紧张的因素归纳为6种紧张源，即工作任务、在工作中担任的角色、工作的一般条件、工作的物理环境、与人际关系有关的社会环境、个人因素。

心理紧张程度主要取决于工作任务对人的信息处理要求情况，工作任务是引起生产操作过程中人员心理紧张的主要紧张源。可以从 4 个方面考察工作任务对心理紧张的影响：

（1）困难程度。一项工作任务的困难程度，反映了该项任务对人员工作能力的要求。当工作任务很困难时，它对人员能力的要求可能超过人员的实际工作能力。如果人员知觉了这一点，就会产生心理紧张。

（2）作业的不明确性。当工作任务要求不明确或能否完成任务不确定时，人员会产生心理紧张。

（3）工作负荷。当工作任务比较重，特别是信息处理工作量比较大时，人员会担心完不成任务而产生心理紧张。

（4）危险性。从事比较危险的操作时，人员担心操作失误发生事故而受到伤害，产生心理紧张。

研究表明，注意力集中程度取决于大脑的意识水平（警觉度）。日本的桥本教授根据人的脑电波的变化情况，把大脑的意识水平划分为无意识、迟钝、被动、能动和恐慌 5 个等级：

（1）无意识。在熟睡或癫痫发作情况下，大脑完全停止工作，不能进行任何信息处理。

（2）迟钝。过度疲劳或者从事单调的作业，困倦或醉酒时，大脑的信息处理能力极低。

（3）被动。从事熟悉的、重复性的工作时，大脑被动的活动。

（4）能动。从事复杂的、不太熟悉的工作时，大脑清晰而高效地工作，积极地发现问题和思考问题，主动地进行信息处理。但是，这种状态仅能维持较短的时间，然后进入被动状态。

（5）恐慌。工作任务过重、精神过度紧张或恐惧时，由于缺乏冷静而不能认真思考问题，信息处理能力降低。在极端恐慌时，会出现大脑"空白"现象，信息处理过程中断。

在工业生产过程中人员正常工作时，大脑意识水平经常处在能动和被动状态下，信息处理能力高、失误少。当大脑意识水平处于迟钝或恐慌状态时，信息处理能力低、失误多。

人的大脑意识水平与心理紧张有密切的关系，相应地，人的信息处理能力与心理紧张有密切的关系。图 2-8 为人的信息处理能力与心理紧张度之间关系的示意图。由该图可以看出，存在着最优的心理紧张度，此时大脑的意识水平经常处于能动状态，信息处理能力最高，失误最少。这里把心理紧张度划分为 4 个等级：

（1）极低紧张度。当人员从事缺少刺激、过于轻松的工作时，几乎不用动脑筋思考，信息处理能力低、失误较多。

（2）最优紧张度。从事较复杂的、需要思考的作业时，大脑能动地工作，信息处理能力最高、失误最少。

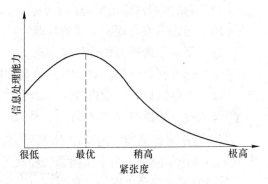

图 2-8 信息处理能力与心理紧张度

（3）稍高紧张度。在要求迅速采取行动或一旦发生失误可能出现危险的工作中，心理紧张度稍高，信息处理能力降低、容易发生失误。

（4）极高紧张度。当人员面临生命危险时，这是一种极端的不快。大脑把信息传递给肌体，或奋起决一死战，或逃之夭夭。很多情况下导致大脑意识水平处于恐慌状态，不能正常进行信息处理，很容易发生失误。

一种称作紧张适应论的理论认为，偶尔施加于操作者的、扰乱其精神的紧张使得事故容易发生。按此理论，信息处理任务过重、温度异常、照明不良、嘈杂、饮酒及疾病等紧张源是造成人失误的原因。合理安排工作任务，消除各种增加心理紧张的因素，以及经常进行教育、训练，是使职工保持最优心理紧张度的重要途径。

2.4.2 紧急情况下人的行为特征

在危险当前的紧急情况下，人的心理紧张度增加，信息处理能力降低，在信息处理方面和动作方面都有一些异常的表现。针对紧急情况下人的行为特征采取恰当应急措施化险为夷，对预防事故发生具有重要意义。

2.4.2.1 紧急情况下人的信息处理特征

在面临危险时，人的信息处理方面往往出现如下的倾向：

（1）注意力集中于异常事物一点而忽略其他。

（2）产生错觉或幻觉，如弄错颜色形状，弄错尺寸、运动速度或状态。

（3）收集信息的精度降低，为在有限的时间内获得尽可能多的信息而走马观花、粗枝大叶。

（4）由于过分紧张而被动地旁观，不能主动地收集信息。

（5）分不清轻重缓急，缺乏对信息的选择能力。

（6）一时想不起已记住的事情，或者回想起一些无关的事情。

（7）只能根据当前的一点信息做一些简单的决策，很难做出全面的判断。

（8）不能进行定量地判断而只能定性地思考。

（9）对做出的判断正确与否不加验证。

（10）考虑一些与现实无关的问题。

（11）下意识地按习惯或经验行动。

（12）思考问题简单，对形势做悲观的估计。

（13）大脑空白，不能进行信息处理。

2.4.2.2　紧急情况下人的动作特征

人在紧张时运动器官的动作不灵活，表现为手脚不相遂，弄错操作对象或操作方向，动作不协调。由于肌肉紧张和缺乏反馈，往往动作生硬、用力过猛。

在恐惧时往往会出现心率和血压方面的变化，呼吸加快并变得不规则，身上出汗、肌肉收缩。极度的恐惧使人全身瘫痪，不能行动，甚至被吓死。

例如，国外曾经发生过这样的事情：两高层建筑相距仅 40cm，平时在较高建筑物里工作的职员在工作之余，有时从窗子迈到较矮建筑物的屋顶聊天。一次，较高建筑物发生了火灾，在危急关头人们想起了可以从窗子逃生，便打开窗子往较矮的楼上跳。由于心理高度紧张而肌肉收缩，不能跨越 40cm 的距离，竟然接连从两楼之间的空隙坠落。

恐惧时人的行为表现为逃跑、退缩，在没有退路时可能转为进攻。根据日本对火灾时人们行动的观察，发现处于困境中的人有如下表现：

（1）火灾现场力。这是一种具有破坏性的、令人害怕的力。

（2）趋光性。害怕黑暗，认为光亮处安全而努力奔向有光的方向。

（3）奔向开阔空间。怕被关在有危险的建筑物里而奔向外面敞开的空间以求安全。

（4）向隅性。由于恐惧而逃向角落把自己藏起来。

（5）从众性。自己不能冷静地判断，看见别人怎样做自己就怎样做，盲目地追从。

（6）绝望行动。极端悲观地估计形势，做出跳楼等绝望的行动。

针对紧急状态时人的行动特征，为避免发生伤害事故，一方面可在有关的物体上采取措施，使之适合紧急状态时人的行为特点。例如，应急设施、用具应该坚固，防止由于人员用力过猛而损坏。另一方面主要是通过经常的应急训练，增加人们的应变能力，减少人员的心理紧张。

2.5　人失误致因分析

2.5.1　人失误原因

菲雷尔（Russell Ferrell）认为，作为事故原因的人失误的发生，可以归结到下述三个方面的原因：

(1) 超过人的能力的过负荷。

(2) 与外界刺激的要求不一致的反应。

(3) 由于不知道正确方法或故意采取不恰当的行为。

在这里，过负荷是指人在某种心理状态下的能力与负荷不适应。负荷包括工作任务方面的负荷（体力的、信息处理的）、工作环境负荷（照明、噪声、嘈杂、需要抗争的紧张源）、心理负荷（担心、忧虑等）及立场方面的负荷（态度是否暧昧、危险性等）。人的能力取决于天分、身体状况、精神状态、教育训练、压力、疲劳、服药、使能力降低的紧张、反应能力等。

对外界刺激的反应与该刺激所要求的反应不一致，或操作与要求的操作不一致，是由于人机学方面的问题，如控制或显示不合理、矛盾的显示形式、矛盾的控制方式或布置、操作设计（尺寸、力、范围）不合适等，使得人的信息处理发生了问题。采取不恰当的行为可能是由于不知道什么是正确行为（教育、训练方面的问题），或者是由于决策错误而故意冒险。低估事故发生的可能性，或低估了事故可能带来后果的严重性会导致决策错误。它取决于个人的性格和态度。

皮特森（Petersen）在菲雷尔观点的基础上进一步指出，事故原因包括人失误和管理缺陷两方面的原因，而过负荷、人机学方面的问题和决策错误是造成人失误的原因（见图 2-9）。

2.5.2 影响个人能力的因素

能力是直接影响活动效率，使得活动顺利完成的个性心理特征。工业生产的各种作业都要求人员具有一定的能力才能胜任。一些危险性较高、较重要的作业，特别要求操作者有较高的能力。

在这里，能力主要表现为感觉能力、注意能力、记忆能力、思维能力和行为能力等信息处理能力。美国的一位教授曾于 1930 年写了一篇文章，描述一个工人平时小心谨慎，就是经常出错，结果时常发生事故、多次受到伤害。后来发现此人运动配合能力较低，感觉器官不能精确地配合四肢运动，意识控制动作的能力低，其他能力，如感觉能力、注意力、语言理解力和表达力都很低。

人具有个体差异，每个人的能力是不同的。即使同一个人，其能力也是变化的。一般地，它取决于每个人的硬件状态、心理状态和软件状态。

2.5.2.1 硬件状态

硬件状态包括生理状态、身体状态、病理状态和药理状态。

(1) 生理状态。疲劳、睡眠不足、醉酒、饥饿引起的低血糖等生理状态的变化会影响大脑的意识水平。生产环境中的温度、照明、噪声及振动等物理因

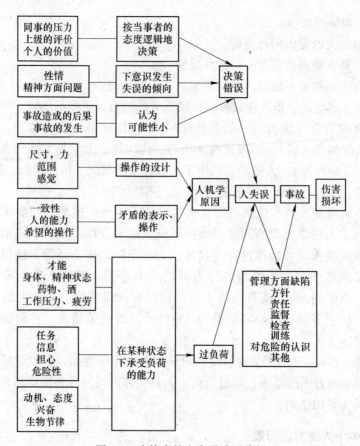

图 2-9　皮特森的人失误致因分析

素，倒班、生物节律等因素影响人的生理状态。

（2）身体状态。身体各部分的尺寸，各方向用力的大小，视力、听力及灵敏性等身体状态影响人的活动范围、操作力量和感知、反应能力等。

（3）病理状态。疾病，心理、精神异常，慢性酒精中毒，脑外伤后遗症等病理状态影响大脑的意识水平。

（4）药理状态。服用某些药剂，如安眠药、镇静剂、抗过敏药等，会降低大脑意识水平。

2.5.2.2　心理状态

恐慌、焦虑会扰乱正常的信息处理过程。

过于自信、头脑发热也妨碍正常的信息处理。

家庭纠纷、忧伤等会引起情绪不安定，并造成注意力分散，甚至忘了必要的操作。

生产作业环境、工作负荷及人际关系也影响人的心理状态。

2.5.2.3 软件状态

软件状态包括熟练技能、按规则行动能力及知识水平，经过职业教育和训练后，具有长期工作经验，可提高软件水平。

黑田把上述的生理的（physiological）、身体的（physical）、病理的（pathological）、药理的（pharmaceutical）、心理的（psychological）及社会心理的（psychosocial）状态统称为影响人失误的6P。

在上述诸因素中，操作者的生理状态、心理状态及软件状态对人失误的发生影响最大。其中，前面两种因素在相对短的时间内就会发生变化；而后者要经历较长的时间才能变化。

2.5.3 影响人失误的外界因素

在工业生产过程中，影响人失误的外界因素包括生产作业的状况特性、工作指令、工作任务及人机接口等方面的问题，这些因素又称为绩效形成因子（performance shaping factor）。

2.5.3.1 状况特性

（1）建筑学特征。建筑学特征是指空间的大小，距离、配置，物体的大小、数量等工作场所的几何特性。如前所述，人有图省事的倾向。在许多仪表布置在相互距离很远的地方的场合，操作者可能从远处读取分散在不同地点的仪表读数而把数读错。

（2）环境的质量。温度、湿度、粉尘、噪声、振动、肮脏及热辐射等影响人的健康。恶劣的环境也增加人的心理紧张度。在恶臭及高温等环境下操作者急于尽快结束工作而容易失误。

（3）劳动与休息。科学、合理地安排劳动与休息，可以防止人员疲劳，让人们精力饱满地工作。

（4）装置、工具、消耗品的质量及利用可能性。适当的装置、工具及物品可以提高工作效率、减少失误。

（5）人员安排。人员安排不合适时，增加人员的心理紧张度。

（6）组织机构。职权范围、责任、思想工作等对人员心理产生影响。

（7）周围的人际关系。领导、班组长、同事等的工作情况。

（8）报酬、利益。

2.5.3.2 工作指令

工作指令包括书面规程、口头命令、相互理解、注意、警告等形式。正确的工作指令有利于解决大脑信息处理过程的"瓶颈"问题。

2.5.3.3 工作任务

（1）要求的知觉。视觉表示比其他种类，如听觉等的表示更常用。但是人的视力有其局限性，在一定情况下某种表示装置比其余的更容易被感知。

（2）要求的动作。人的手足动作的速度、精度及力量是有限的，要求的动作应该在人的能力范围内。

（3）要求的记忆。短期记忆的可靠性不如长期记忆的可靠性高。

（4）要求的计算。人进行计算的可靠性较低，复杂的计算很容易出错。

（5）有无反馈。完成工作任务后的反馈可以调动人员的主动性和积极性。

（6）连续性。所谓连续性是指所需处理的各参数的空间、时间关系。连续多参数问题较离散单变量问题难得多。

（7）班组结构。有时，一人干某项工作须由他人监督。人与人之间良好的协作关系是非常重要的。

2.5.3.4　人机接口

应该精心设计人机接口。设计人机接口时应考虑的因素如下：

（1）显示器和操作器的设计。模块化、配置、形状、大小、倾斜、距离、数量、显示位数、颜色等。

（2）标记。记号、文字、颜色、场所、标准化、一致性、易见性、内容等。

（3）装置状态的表示。与装置的状态相对应的明确而一致的表示，如色彩一致等。

（4）表示信息量。必需的警报信号，按顺序的表示，阶层表示、图表表示等。

（5）机器状态的表示。如阀门正常表示、标记的易见性等。

（6）安全保护装置。如故障-安全设计、耐失误设计、连锁机构及警报装置等。

2.5.4　人失误的 SHELL 模型

航空安全领域广泛采用 SHELL 模型分析导致人失误的各种外界因素。该模型把影响操作者行为的外界因素归纳为 4 个方面，如图 2-10 所示。

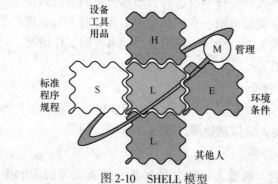

图 2-10　SHELL 模型

图中各英文字母的含义如下：

人（L）——Live ware，作为研究对象的某个操作者，其行为除了自身原因之外还要受到周围因素的影响；

硬件（H）——Hardware，设备、装置，工具等；

软件（S）——Software，标准、程序、规程、操作指令等；

环境（E）——Environment，作业条件，如温度、湿度、噪声、振动、采光照明等物理环境，以及企业风气等社会环境；

人（L）——Live ware，其他人，如共同作业人员、协作者等。

该模型特别关注操作者与硬件、操作者与软件、操作者与环境以及操作者与其他人员之间的交界面。

在原有 SHELL 模型的基础上，后来又增加了管理因素（M）——Management。

2.6 生物节律与事故

人和许多生物一样，其生命活动呈现节奏性和周期性，这种生命活动的节奏性和周期性称作生物节律。人的各种生命活动都会受到生物节律的制约，生物节律是影响人的行为的因素之一。例如，自古以来人们就形成了"日出而作，日没而息"的生活节律，其实，这种生活节律与生物节律中的日节律密切相关。如果人的活动违背了生物节律的规律，打乱了正常的生活秩序，其生理、心理机能就会失调，降低活动效率并容易发生失误。人的生物节律种类很多，其中有些种类的生物节律与事故发生有密切关系。科学研究已经证明，事故的发生与 25h 为周期的日节律有关。

2.6.1 日节律与事故

近代研究发现，人体许多受大脑控制的功能变化规律的周期与昼夜交替有关，表现出昼夜节律，即日节律。这种昼夜节律主要取决于人体"生物钟"。进一步的研究发现，人体生物钟的周期是约 25h 而不是每昼夜的 24h。由于受到昼夜交替的影响，人们的生活节律才与昼夜节律一致起来。因此，准确地说，不是日节律而是"近日节律"。

根据上海社会科学院青少年研究所的资料，在日节律的周期内人体机能变化情况见表 2-1。

当人们的生产、生活安排不符合日节律时，正常的生理机能被扰乱，往往很容易出现疲劳。谷岛一嘉等研究汽车驾驶员连续 24h 开车的疲劳情况时发现，司机疲劳情况与开始驾车的时间有关。若从当天早晨开始开车到第二天早晨时，

表 2-1　日节律及人体机能变化

时间	生理、心理状况
1时	从熟睡趋向易醒，痛觉特别敏锐
2时	大部分器官工作缓慢，肝脏赶紧工作
3时	全身休息，肌肉完全松弛，血压降低，呼吸、脉搏减少
4时	血压更低，脑供血量最少，听觉灵敏
5时	肾脏停止分泌，此时起床精神饱满、精力充沛
6时	血压开始升高，心脏跳动加快
7时	免疫功能最强
8时	肝脏的有毒物质全部排尽
9时	神经活性提高，心脏供血良好，痛觉迟钝，精神饱满
10时	精力充沛，工作效率高
11时	精力充沛，不觉疲劳
12时	全部器官积极工作
13时	疲劳感，肝脏需要休息
14时	白天人体状态最低潮，反应迟钝
15时	嗅觉、味觉等各器官转为敏感，工作能力恢复
16时	血液中糖分增加，但是会很快降下来
17时	工作效率提高
18时	神经活性降低
19时	血压增高，情绪不稳定
20时	全天体重最重，反应异常灵敏
21时	神经活动正常，记忆力增强
22时	血液中白血球增加，体温下降，准备睡眠
23时	逐渐入睡
24时	全身松弛，各器官活动极慢，熟睡

司机会极度疲劳，几乎倒床便睡；若从当天晚上驾车出发到第二天晚上时，驾车结束后还可以出去逛街。通常用闪光融合值来衡量视觉的疲劳程度。图 2-11 所示为连续驾驶试验中实测的闪光融合值变化情况，实线为与日节律相应的值，虚线为实测值。图 2-11（a）为按日节律典型的闪光融合值在 24h 内变化的情况，可以看出早晨 6 点钟时日节律处于最低潮；图 2-11（b）为晚上开始时的闪光融合值变化情况，当驾驶结束时尽管很劳累，由于处在日节律的高潮期而不十分疲劳；图 2-11（c）为早晨开始的情况，当驾驶结束时本来就很劳累，又处于日节律的最低潮，所以特别疲劳。

根据1970年日本高速公路事故统计，在一昼夜中早晨6点钟事故发生率最高，这时司机由于过度疲劳而瞌睡（见图2-12）。

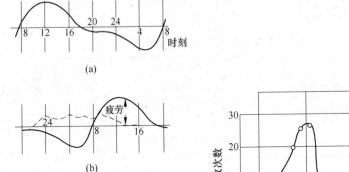

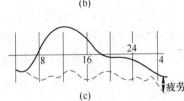

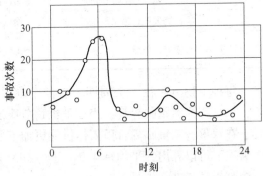

图2-11 连续驾驶时的闪光融合值　　图2-12 高速公路交通事故发生率

2.6.2 生物三节律说

奥地利心理学家斯沃博达（H. Swoboda）和德国内科医生福里斯（W. Fliess）于20世纪初通过临床观察，发现人的体力、情绪分别以23d和28d为周期呈现周期性的变化。之后，特切尔发现人的智力以33d为周期变化。于是，出现了生物三节律说。

生物三节律说认为，一个人自出生之日起直至生命终结，其体力、情绪、智力分别以23d、28d、33d为周期变化；每个周期中高潮期和低潮期各占一半；高潮期和低潮期之间转换的期间为临界期，它包括临界日和临界日前后各一天（准临界日）共三天。图2-13所示为生物三节律曲线。

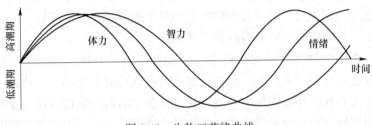

图2-13 生物三节律曲线

根据这种学说，在生物节律的高潮期里人员体力充沛、情绪饱满、思维敏捷；在低潮期里人员疲乏烦躁、神志恍惚、反应迟钝；在临界日里人体机能不稳定而容易发生失误。表 2-2 为生物节律周期中高潮期、低潮期、临界日里人员体力、情绪、智力的主要特征。

表 2-2   生物节律周期中人员特征

期 间	体力特征	情绪特征	智力特征
高潮期	体力充沛、生机勃勃	情绪高昂、精神振奋	思维敏捷、处事豁达
临界期	机能失调、感觉不适	情绪低沉、郁郁寡欢	容易发生失误
低潮期	疲劳、烦躁	神志恍惚、喜怒无常	反应迟钝、健忘、失误多

每种生物节律在一个周期中有两个临界日。当两种生物节律的临界日重合时，该日称为双重临界日；当三种生物节律的临界日重合时，该日称为三重临界日。在双重、三重临界日里人体机能更加不稳定，机体协调能力更差，更容易发生失误。可以算出，平均每 4.94d（约 5d）就有一个临界日，平均每 1.9d 就有一个临界日或准临界日。

2.6.3 生物三节律与事故

日本在 20 世纪 60 年代最早把生物三节律说应用于事故预防工作。企业管理者在工人处于生物节律临界期的那几天提醒工人注意安全，尤其在双重、三重临界日的时候更要注意安全。据说取得了很好的预防事故效果。此后许多国家相继效仿。80 年代后期我国曾经出现"应用生物节律热"。一些企业提醒工人在临界日注意安全；一些企业让工人在临界日休班，据说都取得了较好的效果。但是，与此同时，在将生物三节律说应用于事故预防工作的科学性问题上也展开了激烈的争论。

其实，最早把生物三节律说应用于事故预防的日本，在"热"了一阵之后，到 20 世纪 70 年代初已经"凉"了。这是因为日本的安全专家，如京都大学的柴田俊忍等，进行了大量的研究之后已经得出结论，伤亡事故的发生与生物三节律无关。美国著名的安全专家哈默（Willie Hammer）在《产品安全管理与工程》一书中，也对应用生物三节律说预防事故的科学性问题提出了质疑。

综合国内外的研究，可以得到如下认识：

（1）人作为生物体存在着生物节律，包括生物三节律。问题是生物三节律对事故的发生究竟有多大影响。在如今复杂的社会环境中生活、工作的人，其思想、行为要受到社会环境的深刻影响，并且社会生活的影响往往超过生物节律的影响。柴田曾经介绍一家推行生物三节律说的纤维公司，由于受美国限制进口的打击，公司内部不稳定，人心惶惶，伤亡事故急剧增加。

（2）生物三节律的体力周期 23d、情绪周期 28d、智力周期 33d 是根据统计得到的统计平均值，实际上每个人的生物节律周期应该是不同的。另外，生物三节律说把每个人的生物节律周期起点一律定为出生那一天，并且直到死亡节律周期一成不变，缺乏令人信服的依据。

（3）伤亡事故的发生是一种随机现象，研究随机现象的发生规律需要应用数理统计的方法。柴田曾经用统计检验的方法研究了日本一些企业的伤亡事故资料，得出伤亡事故的发生与生物三节律无关的结论。作者也曾经收集了沈阳、鞍山、锦西等地一些工厂的伤亡事故资料，应用统计检验方法将得到的资料进行 u 检验和 t 检验，证明了伤亡事故的发生与生物三节律没有必然联系。

（4）根据生物三节律说，人员在临界日、准临界日、低潮期都要注意安全，由于约每两天就有一个临界日或准临界日，再加上低潮期，几乎每天都是注意安全的日子。如果每天都告诉工人注意安全（当然有益无害），这种方法本身也就失去了意义。

（5）我国安全工作的一条重要经验就是及时掌握职工的思想动态，深入细致地做好人的工作，调动人的安全生产积极性。如果仅仅根据一个人的生日推算出那天提醒谁注意安全，这样的安全工作一定不会有什么效果的。一些企业在应用生物三节律说进行安全管理时发现，有些工人在被告知今天是他的注意日后，工作中总是担心会出事，增加了心理紧张程度，反而容易发生失误。

2.7 不安全行为的心理原因

2.7.1 个性心理特征与不安全行为

个性心理特征是个体稳定地、经常地表现出来的能力、性格、气质等心理特点的总和。不同的人，其个性心理特征是不相同的。它在先天的素质的基础上，在一定的社会条件下，通过个体的具体社会实践活动，在教育和环境的影响下形成和发展。

关于能力，在前面已经进行了讨论。下面再就个性心理特征的性格、气质进行讨论。

性格是人对事物的态度或行为方面的较稳定的心理特征，是个性心理的核心。知道了一个人的性格，就可以预测在某种情况下他将如何行动。鲁莽、草率、懒惰等不良性格往往是产生不安全行为的原因。但是，人的性格是可以改变的。安全工作一项重要任务，就是发现和发展职工的认真负责、细心、勇敢等良好性格，克服那些对安全生产不利的性格。

气质主要表现人的心理活动的动力方面的特点。它包括心理过程的强度和稳定性、速度，以及心理活动的指向性（外向型或内向型）等。人的气质以活动的内容、目的或动机为转移。它的形成主要受先天因素的影响，但是教育和社会影响也会改变人的气质。

构成气质类型的主要特征有感受性、耐受性、反应灵敏性、可塑性、情绪兴奋性、外倾性和内倾性。

（1）感受性。感受性是人感受外界影响的能力，是神经系统强度特性的表现。

（2）耐受性。耐受性是人对外界事物的刺激作用在时间上、强度上的耐受能力。它表现为注意的集中能力，保持高效率活动的坚持能力，对不良刺激（冷、热、疼痛、噪声、挑逗等）的忍耐能力。

（3）反应敏捷性。反应敏捷性表现在讲话的速度、记忆的快慢、思维的敏捷程度、动作的灵活性等方面，以及各种刺激可以引起心理各方面的指向性。

（4）可塑性。可塑性是人根据外界事物的变化而改变自己适应性行为的可塑程度。它表现在适应外界的难易、产生情绪的强烈程度、态度的果断或犹豫等方面。

（5）情绪兴奋性。情绪兴奋性是神经系统强度特性和平衡性的表现。有的人情绪极易兴奋但抑制力弱，就是因为兴奋性强而平衡性差。

（6）外倾性和内倾性。外倾性的人其心理活动、语言、情绪、动作反应倾向表现于外；内倾性则相反。

这些特性的不同组合形成了不同的气质类型。人的气质分为多血质、胆汁质、黏液质和抑郁质四种类型。

（1）多血质。具有这种气质的人，活泼好动、反应敏感而迅速，是反应敏捷性和外倾性的表现；喜欢与人交往、注意力容易转移、兴趣容易变换，是可塑性强、情绪兴奋性高的表现。

（2）胆汁质。具有这种气质的人直率热情、精力旺盛，情绪易于冲动、心境变化剧烈，这种人外倾性明显、情绪兴奋性高，反应速度快但不灵活。

（3）黏液质。具有这种气质的人安静、稳重、沉默寡言、反应缓慢，情绪不外露，注意稳定又难于转移、善于忍耐等。这种人感受性低、耐受性高，不随意反应性和情绪兴奋性都较低，内倾性明显，稳定性高。

（4）抑郁质。感受性高而耐受性低，不随意反应性低，所以体验观察细微，多愁善感，孤僻呆滞，适应性（可塑性）很差。内倾性明显，往往含而不露，具有稳定性，不易转变情绪和观点。

气质类型无好坏之分，任何气质类型都有其积极的一面和消极的一面。在每一种气质的基础上，都可能发展起某些优良的品质或不良的品质。从事故预防的角度，在选择人员分配工作任务时，要考虑人员的性格、气质。例如，要求迅速做出反应的工作任务由多血质型的人员完成较合适；要求有条不紊、沉着冷静的工作任务可以分配给黏液质类型的人。值得注意的是，在长期的工作实践中，人会改变自己原来的气质来适应工作任务要求。

2.7.2 非理智行为

非理智行为是指那些"明知有危险却仍然去做"的行为。大多数违反操作规程的行为都属于非理智行为，它们在引起工业事故的不安全行为中占有较大的比例。非理智行为产生的心理原因主要有以下几个方面：

（1）侥幸心理。伤害事故的发生是一种小概率事件，一次或多次不安全行为不一定会导致伤害。于是，一些职工根据自己或他人采取不安全行为也没有受到伤害的经验，得出了"这种行为不会引起事故"的结论，或者认为自己运气好，不会出事故。针对职工存在的侥幸心理应该教育他们懂得"不怕一万、就怕万一"的道理，自觉地实行安全行为。

（2）省能心理。人总是希望以最小的能量消耗取得最大的工作效果，这是人类在长期生活中形成的一种心理习惯。省能心理表现为嫌麻烦、怕费劲、图方便，或者得过且过的惰性心理。由于省能心理作祟，操作者可能省略必要的操作步骤或不使用必要的安全装置，从而引起事故。在进行工程设计、制定操作规程时要充分考虑操作者由于省能心理而采取不安全行为问题。在日常安全管理中要利用教育、强制手段防止职工为了省能而产生不安全行为。

（3）逆反心理。在一些情况下个别人在好胜心、好奇心、求知欲、偏见或对抗情绪等心理状态下，会产生与常态心理相对抗的心理状态，偏偏做不该做的事情，产生不安全行为。

（4）凑兴心理。凑兴心理是人在社会群体中产生的一种人际关系的心理反应，多发生在精力旺盛、能量有剩余而又缺乏经验的青年人身上。他们从凑兴中得到心理满足，或消耗掉剩余的精力。凑兴心理往往导致非理智行为。

实际上导致不安全的心理因素很多、很复杂。在安全工作中要及时掌握职工的心理状态，经过深入细致的思想工作提高职工的安全意识，自觉地避免不安全行为。

2.7.3 生活变化单位论

一般来说，人们生活状况的变化会增加思想负担而容易发生事故。美国的霍尔姆（Holmes）提出了一种所谓生活变化单位论（life change unit）。

表 2-3 为生活变化单位打分表。该表中所列的项目是国外的人们在生活中发生的、对个人思想情绪影响较大的事件，以及相应的分数值。按照该理论，当一年中生活变化单位的总和超过 150 时，有 37% 的可能性在二年内会生病或受伤；当生活变化单位总和超过 200 时 51%、超过 300 时有 79% 的可能性会生病或受伤。该生活变化单位论没有考虑人员年龄、性别的差异，没有区别不同事件引起

不同情绪变化的性质，还有许多值得探讨的地方。

表 2-3　生活变化单位

序号	事件	平均分数	序号	事件	平均分数
1	配偶死亡	100	23	子女生活独立	29
2	离婚	73	24	法律上的麻烦	29
3	分居	65	25	实现了大目标	28
4	入狱	63	26	爱人就业或停职	26
5	近亲死亡	63	27	入学或毕业	26
6	受伤、生病	53	28	生活状况变化	25
7	结婚	50	29	改变习惯	24
8	失业	47	30	与上级争吵	23
9	复婚	45	31	工作时间、条件变化	20
10	退职	45	32	迁居	20
11	家庭内有人生病	44	33	转学	20
12	妊娠	40	34	娱乐方面的变化	19
13	爱情的挫折	39	35	宗教活动的变化	19
14	家庭人口增加	39	36	社会活动的变化	18
15	重新工作	39	37	1 万美元以下的借款	17
16	经济状况变化	38	38	睡眠习惯的变化	16
17	亲人死亡	37	39	同居家属人数变化	15
18	调换职务	36	40	饮食习惯的变化	15
19	与爱人吵架次数增加	35	41	休假	13
20	1 万美元以上的借款	31	42	圣诞节	12
21	抵押或借出的钱荒账	30	43	轻微违反法律	11
22	职务方面的变化	29			

　　丰原恒男研究了职业汽车司机的日常生活态度与事故之间的关系，得到表 2-4 的结果。由该表可以看出，日常生活态度与事故发生有较密切关系。

表 2-4　司机的日常生活态度与事故

日常生活态度	发生事故者	无事故者
对家庭生活不满	37.9%	7.1%
虚荣心强的生活	41.3%	10.6%
追求享乐的生活	34.4%	3.5%
缺乏道德修养	37.9%	7.1%

我国的工业安全实践也表明，职工家庭生活或社会生活中的重大事件会影响职工的情绪，甚至导致事故。例如，沈阳某工厂一工人，技术相当熟练，但有一段时间却经常碰手碰脚，发生轻伤事故。经过调查发现，该工人家中有人卧病在床，老少三代生活负担重，以致心情沉闷，工作时精力不集中。在解决了生活困难问题后，消除了精神负担，工作中很少碰手碰脚了。可见在日常安全工作中及时掌握职工思想动态，采取恰当措施消除心理负担，对防止不安全行为具有重要意义。

2.7.4　危险动态平衡理论

从事交通安全研究的维尔德（Gerald J. S. Wilde）发现，美国自 1923 年以后的几十年里，尽管车辆的性能和道路设施状况不断改善，交通事故人均死亡率却几乎没有变化。他提出了危险动态平衡理论（risk homeostasis theory）来解释这种现象。Homeostasis 本为生理学和细胞生物学名词，指在遭受许多外界干扰的条件下，经过体内复杂的调节机制使各器官、系统协调活动达到一种动态平衡的状态。

根据这种理论，人员从事某项活动时把对外界状况知觉的危险度与目标危险度相比较，进行判断、决策，继续或调整行为（见图 2-14）。

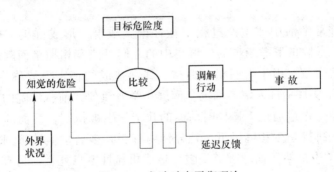

图 2-14　危险动态平衡理论

尽管存在故意冒险的个别情况，一般来说人员往往是被动地承受某种行动方案伴随的危险。所谓目标危险度是指自认为收益与付出之差最大的主观危险度。影响目标危险度的因素很多，主要有价值观、经济状况、职业、教育程度、性别、年龄和个人性格特征等长期起作用的因素，也有当时当地的具体情境和心理状态等随时变化的因素。

当知觉的危险度超过目标危险度一定程度时，人员应该调整其行为防止事故发生。知觉的危险度主要与个人的事故经验（亲身经历的、见闻的）、对当前状况的事故危险性的估计以及应对能力（知觉能力、决策能力、技能）方面的自信心有关。

人们常说"十次事故九次快",交通事故的发生与车辆行驶速度密切相关。20 世纪 60 年代,瑞典和冰岛的道路交通规则从左侧通行改为右侧通行。起初人们担心这种改变会造成交通事故率上升,而实际情况是在最初的一段时间里人均事故率反而下降了。这是因为人们的目标危险度降低了,担心出事故而格外谨慎驾驶。但是,经过一段时间(瑞典 2 年、冰岛 10 周)之后人们适应了,知觉的危险度降低了,事故率又恢复到了之前的水平。

当目标危险度一定时,影响人员行为的主要是知觉的危险度。一方面,车辆安全性能提高以及道路状况的改善,提高了道路交通系统的本质安全程度,有利于防止事故发生;另一方面,随着车辆性能的提高、道路状况改善,即本质安全程度的提高,人员知觉的危险度反而降低了。例如,英国的观察发现,道路宽度每增加 30cm 车速就增加 2km/h;德国的观察发现,装备安全气囊系统的汽车较没有装备的汽车速度快、车间距小。

类似地,随着人员操作技能的提高,"艺高人胆大"而知觉的危险度降低。

根据这种理论,本质安全程度越高、人员操作技能越高,越需要加强对人员进行教育,提高安全意识,降低其目标危险度。

2.8   群集行为与群集事故

人们在日常生活中或生产过程中往往聚集成群,形成群集。在某些情况下,例如面临危险的紧急疏散时,群集中的人们可能互相拥挤而跌倒、相互践踏,发生伤害事故。由于人们相互拥挤、践踏造成的伤害事故称作群集事故。例如,1996 年 9 月 9 日云南省临沧县南屏小学升旗仪式前,后院的上千名学生涌向前院。学生走过通道下楼梯时前面的几个学生被挤倒,后面的学生继续往前挤,致使一排排学生相继倒下,几分钟内有 200 多名学生被挤倒,形成重叠堆压。24 名学生被挤压而呼吸道受阻,造成机械性窒息死亡,另有 17 人重伤、57 人轻伤。

研究群集行为,对采取恰当措施防止发生群集事故具有十分重要意义。

2.8.1   群集行为和伤害事故

防止与群集行为有关的伤害事故包括两方面问题。一是在发生火灾、爆炸等意外事故及地震等自然灾害时,如何组织群众安全地疏散、避难;二是在群众性活动中或疏散过程中,防止发生由于拥挤等造成的践踏等伤害事故。这里,仅就容易引起伤害事故的群集行为方面的几个问题加以讨论。

2.8.1.1   成拱现象

群集自宽敞的空间拥向较狭窄的出入口、楼梯时,除了正面的人流外,往往有许多人从两侧挤入，阻碍正面的流动，使群集密度增加，形成拱形的人群，谁也不能通过。这种情形可能持续一段时间，当拱形群集密度达到 13 人/m² 以上时，由于某一侧力量较强而使拱崩溃，一部分人突入到出入口中。同时，出入口之外的群集密度暂时降低。当拱崩溃时人员突然移动，前面的人很容易失去平衡跌倒，后面的人很容易被人绊倒。特别是在下台阶或楼梯的场合，拱崩溃时更加容易摔倒，遭到后面人的践踏，因而更加危险。旧的拱被破坏、流动得以继续进行不久，又会形成新的拱。图 2-15 为成拱及拱崩溃过程的示意图。

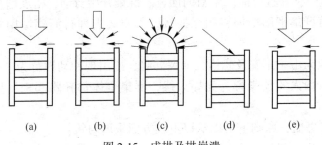

图 2-15　成拱及拱崩溃

　　为了防止出现成拱现象，在有可能发生拥挤的公共场所、车站等出入口处，应该有人维持秩序，避免拥挤；在出入口外用栏杆或绳子围成只允许一个人通行的通道是防止成拱的技术措施。

2.8.1.2　异向群集流

　　来自不同方向的群集流称作异向群集流。十字路口、交叉路口处来自不同方向的群集相互冲突、相互阻塞，前进的群集受到折返回来的群集的阻塞，以及部分群集停止前进造成的阻塞、拥挤和混乱，也有相对前进的两股群集狭路相逢的情况（对抗群集流）。异向群集流之间的相互冲突，很容易发生践踏伤害事故。

2.8.1.3　异质群集流

　　当群集中的每个人都以相同的步速向相同的方向前进时，群集的流动是稳定的流动。通常的情况是，组成群集的人们有不同的体质，并且往往包含有老、弱、病、残，有走得快的人，也有走得慢的人。每个人都按自己认为是最短的路线前进，走得快的人总想绕到走得慢的人前面去，以为追上、挤靠对方则对方就会给自己让路。如果许多人都这样想，则将发生相互拥挤、碰撞或流动的停滞。走得慢的人受到走得快的人从后面推ır、侧面挤靠，就有可能跌倒。当群集密度较低时，则在该点流动停滞并形成一个涡，周围的人绕行；当群集密度较高时，由于背后强大的压力，该点后面的人可能踩在跌倒的人的身上，或被绊倒。于是发生一连串的跌倒和践踏，酿成严重的伤害事故。

　　异质群集流造成事故的可能性取决于群集中人员构成、步速的情况、行进方向是否一致、耐受压力差的人数多寡等因素。

2.8.1.4　群集中的恐慌

在发生事故、灾害或危险即将来临的情况下，群集中可能出现恐慌。当群集中发生恐慌时，会引起骚动和混乱，甚至发生伤害事故。恐慌发生和发展的过程可以简单叙述如下：

（1）不确切的消息、谣言在已经聚集起来的群集中流传。

（2）由于小道消息或谣言的流传，引起群集中多数人的不安。他们等待新消息，或者绝望，并且可能产生新的谣言。群集开始行动，密度增加。

（3）随着群集密度增加，相互拥挤，人们失去理智而感情用事，更增加了不安感。

（4）少数人由于不安及恐慌，涕哭悲鸣，或出现冲动性行为、狂躁行为。

（5）以少数人的狂躁行为为导火线，群集全体都狂躁起来，呈现总崩溃的局面。

针对群集恐慌，原则上可以从以下三方面采取对策：

（1）避免进入恐慌状态。

（2）尽量缩短恐慌状态。

（3）尽早结束恐慌状态，恢复正常状态。

具体地可以从以下几方面着手：

（1）消除、减少使群集不安的因素，从根本上避免恐慌出现。

（2）采取措施控制群集行为，例如把群集划分为若干组，防止相互影响，分别做工作。

（3）防止出现群集中间的竞争，提倡和发扬团结友爱、互相帮助，把危险留给自己，把生的希望留给别人的精神。

（4）及时提供准确的信息，消除人们的疑虑和不安。

（5）指导者、工作人员要尽职尽责，指导人们正确地行为。

2.8.2　群集的一般行为特征

我们考察的群集是运动中的群集，研究群集的行为一般从研究步行开始。

2.8.2.1　步行参数

人的步行时的参数包括步速、步幅和步数。步速是单位时间里人的行进速度；步幅是人每向前一步迈出的距离；步数是单位时间里向前迈出的数值。这3个参数中测得了其中的2个，则可算得第3个。例如，测得某人步幅60cm、步速150cm/s，则可算得每分钟的步数为150步。

在日常生活中，人的步行参数是随情况而变化的。例如，上班时走得比较快，下班时则大约比上班时慢10%左右。据观察，一个人每天的步行参数变化

20 次以上。通常，在市街上的步行者其步速约在 1～2m/s 之间。根据日本对 2000 名步行者的统计，步速的平均值为 1.33m/s。表 2-5 为各种情况下的步速。

表 2-5 步行速度 (m/s)

行 进 状 况	速度	行 进 状 况	速度
慢走	1.00	没腰深的水中	0.30
快走	2.00	暗中（熟悉环境）	0.70
标准小跑	2.33	暗中（未知环境）	0.30
中跑	3.00	烟中（淡）	0.70
快跑	6.00	烟中（浓）	0.30
赛跑	8.00	用肘和膝爬	0.30
百米纪录	10.00	用手和膝爬	0.40
游泳纪录	1.70	用手和脚爬	0.50
没膝深的水中	0.70	弯腰走	0.60

在人数众多，即群集的场合，受场所的限制，群集的步速取决于人群的密度。当群集的密度小于 1.5 人/m² 时，群集的步速等于走得慢的人的步速，即 1m/s；当群集密度高于 1.5 人/m² 时，群集的步速将更低。我们用群集流动系数来描述群集通过某一空间断面的流动情况。群集流动系数等于单位时间内单位空间宽度通过的人数，其单位是人/(m·s)。表 2-6 是国外由观测得到的流动系数值。一般地，取中间值 1.5 人/(m·s) 为通过公共建筑物门口的群集流动系数、1.3 人/(m·s) 为通过楼梯的群集流动系数。

表 2-6 群集流动系数 (人/(m·s))

通 道 类 型	群集流动系数
上班时拥挤的电车，门口	1.7
上班高峰时的车站，检票口	1.7
下班时拥挤的电车，门口	1.5
下班高峰时的车站，检票口	1.5
电影院、音乐会散场（夜），出口	1.5
百货商店闭市时，出口	1.3
中学教室，出口	1.3
运动会散场时，体育场出口	1.5
车站内楼梯（上车时）	1.5
车站内楼梯（下车时）	1.5
上公共汽车、电车时（拥挤）	1.3
运动会散场时下楼梯	1.3
剧场散场时下楼梯（夜）	1.2
中学放学时下楼梯	1.3～1.4

由日常生活经验可以知道，群集密度越高，则群集步速越低。群集步速 v、群集密度 ρ 和群集流动系数 N 之间有如下关系（见图 2-16）：

$$v = N/\rho \qquad (2\text{-}3)$$

当群集密度 ρ 过高时，由于过度拥挤而不能前进；反之，当 $\rho < 1.5$ 人/m² 时，人们可以自由自在地行走，保持正常步速。木村幸一等人的研究表明，群集密度对步速的影响有如下关系：

$$v = v_0 \rho^{-0.7954} \qquad (2\text{-}4)$$

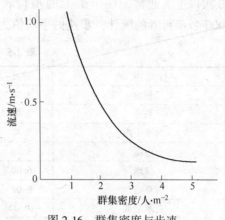

图 2-16　群集密度与步速

式中　　v——群集步速，m/s；

　　　　v_0——自然状态下的群集步速，m/s；

　　　　ρ——群集密度，人/m²。

2.8.2.2　步行时的行为特征

这里所谓的行为特征是指行为的习惯、倾向。无论何时、何地，大多数人在公共场所步行时表现出来的行为特征有如下几种情况：

（1）右侧通行。我国交通规则规定道路上的车辆、行人必须右侧通行，于是人们也就养成了右侧通行的习惯，即使不在马路上而在其他公共场所行走时，也往往下意识地右侧通行。

（2）左转弯。人们在公园、广场或建筑物内自由行走时，大多数人习惯于左转弯。运动场上的长跑就是按左转弯进行的。这是由于右脚比左脚长、右腿比左腿有力，向左转弯较向右转弯容易。

（3）抄近路。为了节省能量，人们总是努力寻找到达目的地的最短路径。斜穿马路是最常见的例子。

（4）按原路返回。当人们到一陌生的场所时，往往按记忆的来时的路线返回。

2.8.3　群集流动计算

为了防止群众性活动或应急疏散时发生伤害事故，需要精心设计群集活动的场所和行进路线，使群集行为有组织、有计划地进行。在设计行进路线时要进行群集流动计算，确认在允许的时间内人员能否全部行进到预定的地点，以及在行进过程中是否发生成拱现象。

下面考察向一个方向连续步行的群集流动。

在群集经过的路径中取一基准点 P，则向 P 点前进的群集称为集结群集；超

过 P 点继续前进的群集称为流出群集（见图 2-17）。当集结群集和流出群集的人数相等时，群集流动是定常流动。如果由于某种原因，例如通路变窄，遇到门、楼梯、台阶等，在 P 点处有一人停住，则由于该人占有一定面积使流动路径的幅宽减少，流出群集的人数随之减少，而集结群集人数不变，于是在 P

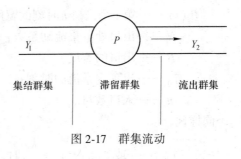

图 2-17　群集流动

点处引起人员滞留和混乱。在 P 点处滞留的人员称为滞留群集，它的人数等于集结群集与流出群集人数之差。

为了使群集稳定、有序地流动，特别是在发生火灾、有毒有害气体泄漏事故的场合，为了尽快地疏散人员脱离危险区域，防止发生群集事故，应该尽量避免出现滞留群集，或使滞留时间尽可能短。

这里研究人员从室内疏散到建筑物外的情况。

设疏散行动开始后，由 Q 人组成的群集自某空间的 i 个入口流入，向出口 P 处集结并流出，我们考察出口 P 处的群集流动情况。

2.8.3.1　集结群集人数

自疏散开始时刻（$t = 0$）起到 T 时刻止，到达 P 点的集结群集人数为：

$$y_1 = \sum_{i=1}^{n} \int_0^T N_i(t) B_i(t) \,dt \qquad (2\text{-}5)$$

式中　$N_i(t)$——第 i 个入口处 t 时刻的群集流动系数；

　　　$B_i(t)$——第 i 个入口 t 时刻的宽度；

　　　n——入口数目。

若第 i 个入口到 P 点的距离为 k_i，群集步速为 v，第 i 个入口处流动结束时刻为 $(t_e)_i$，则

（1）当 $t > \dfrac{k_i}{v}$ 或 $t < (t_e)_i + \dfrac{k_i}{v}$ 时，群集流动系数为 $N_i(t)$（$N_i(t) > 0$）。

（2）当 $t < \dfrac{k_i}{v}$ 或 $t > (t_e)_i + \dfrac{k_i}{v}$ 时，群集流动系数为 $N_i(t) = 0$。

2.8.3.2　流出群集人数

自 $t = 0$ 时刻起到 $t = T$ 时刻，经 P 点流出的群集人数包括疏散初期流出的人数和 $t = T_0$ 时刻出现定常流后流出的群集人数。于是：

$$y_2 = \sum_{i=1}^{n} \int_0^T N_i(t) B_i(t) \,dt + (T - T_0) NB \qquad (2\text{-}6)$$

式中　$N_i(t)$——第 i 个入口处 t 时刻的群集流动系数；

$B_i(t)$ ——第 i 个入口 t 时刻的宽度；

N ——出口处群集流动系数；

B ——出口的宽度；

T_0 ——出现定常流的时刻；

n ——入口数目。

同样地

（1）当 $t > \dfrac{k_i}{v}$ 或 $t < (t_e)_i + \dfrac{k_i}{v}$ 时，群集流动系数为 $N_i(t)$（$N_i(t) > 0$）。

（2）当 $t < \dfrac{k_i}{v}$ 或 $t > (t_e)_i + \dfrac{k_i}{v}$ 时，群集流动系数为 $N_i(t) = 0$。

2.8.3.3　滞留群集人数

到时刻 T 止在 P 点滞留的群集人数为：

$$y = y_1 - y_2 = \sum_{i=1}^{n} \int_{T_0}^{T} N_i(t) B_i(t)\, dt - (T - T_0) NB \tag{2-7}$$

将式（2-7）对 t 求导数并令其为 0，可以求出最大滞留群集人数出现时刻：

$$\frac{dy}{dt} = \sum_{i=1}^{n} N_i(t) B_i(t) - NB \tag{2-8}$$

$$\sum_{i=1}^{n} N_i(t) B_i(t) - NB = 0 \tag{2-9}$$

2.8.3.4　疏散结束时间

群集全部流出出口，则疏散结束。疏散结束的时间为：

$$T_e = \frac{1}{NB}\left[Q - \sum_{i=1}^{n} \int_{0}^{T_0} N_i(t) B_i(t)\, dt \right] + T_0 \tag{2-10}$$

式中　Q ——群集总人数。

例 2-1　根据经验，当在出口处滞留时间达到 3min 时就会出现成拱现象。位于二楼的会议室可以容纳 240 人，会议室共有两个门，幅宽各为 1m，到楼梯的距离分别为 5m 和 10m。楼梯幅宽 1.5m，垂直高度 4.0m，楼梯到楼门的距离 20m。楼门幅宽 1.5m，由两扇 0.75m 宽的门扇组成（见图 2-18）。试问在楼梯口处和楼门处是否会出现成拱现象？

解：设人员步速为 1.0m/s，会议室门处群集流动系数取 $N = 1.5$ 人/（m·s）。自散会时刻起会

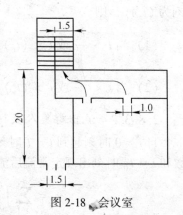

图 2-18　会议室

议室内人员全部走出会议室的时间为：

$$t_1 = \frac{Q}{NB} = \frac{240}{1.5 \times (1.0 \times 2)} = 80s$$

（1）楼梯口处群集流动情况。首先计算自初始时刻起到 t 时刻止到达楼梯口处的群集人数。自会议室第一个门流出到达楼梯口处的集结群集人数为：

$$N\left(t - \frac{k_1}{v}\right) = 1.5(t - 5) \qquad 5 < t < (80 + 5)$$

自会议室第二个门到达楼梯口处的集结群集人数为：

$$N\left(t - \frac{k_2}{v}\right) = 1.5(t - 10) \qquad 10 < t < (80 + 10)$$

然后计算出现定常流后单位时间通过楼梯的人数。取通过楼梯的群集流动系数为 $N' = 1.3$ 人/（m·s），则定常流出现在第二个门流出的人达到时。此后单位时间通过楼梯的人数为

$$N'B' = 1.3 \times 1.5 \approx 2.0 \text{人/s}$$

于是，楼梯口处群集流动情况见表2-7。

表2-7 楼梯口处群集流动情况

时刻	集结人数	流出人数	滞留人数
0~5	0	0	0
6~10	1.5×5	1.5×5	0
11~85	1.5×2×75	2.0×75	75
86~90	1.5×5	2.0×5	72.5

最大滞留人数出现在85s时，滞留结束时刻为

$$90 + \frac{72.5}{2.0} = 127s$$

显然，楼梯口处不会出现成拱现象。

（2）楼门处群集流动情况。根据经验，下楼时平均每秒垂直下降0.25m，在楼梯折返处花费的时间为楼梯宽度 B'（m）的1.5倍（s）。于是，从楼梯上口步行到楼门口的时间为

$$\left(\frac{4}{0.25} + 1.5B'\right) + \frac{20}{v} = \left(\frac{4}{0.25} + 1.5 \times 1.5\right) + \frac{20}{1.0} = 38s$$

自散会时刻起人员全部走出楼门的时间为

$$127 + 38 = 165s$$

假设只开一扇楼门，即 $B'' = 0.75m$；楼门处群集流动系数为 $N'' = 1.5$ 人/（m·s），则楼门处群集流动情况见表2-8。

表 2-8　楼门处群集流动情况

时刻	集结人数	流出人数	滞留人数
0~43	0	0	0
44~48	1.5×5	1.5×0.75×2	2
49~165	2.0×116	1.5×0.75×116	104

滞留群集全部走出楼门的时间为

$$\frac{104}{1.5 \times 0.75} = 92s$$

计算结果表明，在楼门处不会出现成拱现象。

自散会开始人员全部走出楼门的时间为 165+92＝257s。

思　考　题

2-1　"人失误的发生主要是个人原因造成的，故又称做人为失误"。这个说法对吗，为什么？

2-2　人失误与人的不安全行为有何不同？

2-3　"职工成为本质安全人时，就可以不发生人失误了"。这个说法对吗，为什么？

2-4　影响人失误的主要因素有哪些，为什么说人失误是不可避免的？

2-5　产生不安全行为的主要心理原因有哪些？

2-6　人体生物节律如何影响人的行为安全？

2-7　导致伤害事故的群集行为主要有哪些，哪些因素影响人员的群集流动和应急疏散安全性能？

2-8　哪些场合出现成拱现象容易导致群集事故，如何避免成拱现象的发生？

3 防止人失误与不安全行为

3.1 防止人失误

如前所述，人失误的表现形式多种多样，产生原因非常复杂，"人是容易犯错误的动物"，因此防止人失误是一件非常困难的事情。从安全的角度，可以在三个阶段采取措施防止人失误：

(1) 控制、减少可能引起人失误的各种原因因素，防止出现人失误。

(2) 在一旦发生了人失误的场合，使人失误不至于引起事故，即使人失误无害化。

(3) 在人失误引起了事故的情况下，限制事故的发展、减小事故损失。

可以从技术措施和管理措施两方面采取防止人失误措施，一般地，技术措施比管理措施更有效。

3.1.1 防止人失误的技术措施

常用的防止人失误的技术措施有用机器代替人操作、采用冗余系统、耐失误设计、警告以及良好的人·机·环境匹配等。

3.1.1.1 用机器代替人

用机器代替人操作是防止人失误发生的最可靠的措施。

随着科学技术的进步，人类的生产、生活方面的劳动越来越多地为各种机器所代替。例如，各类机械取代了人的四肢，检测仪器代替了人的感官，计算机部分地取代了人的大脑等。由于机器在人们规定的约束条件下运转，自由度较少，不像人那样有行为自由性，可以安全地实现人们的意图。与人相比，机器运转的可靠性较高。机器的故障率一般在 $10^{-4} \sim 10^{-6}$ 之间，而人失误率一般在 $10^{-2} \sim 10^{-3}$ 之间。因此，用机器代替人操作，不仅可以减轻人的劳动强度、提高工作效率，而且可以有效地避免或减少人失误。

应该注意到，尽管用机器代替人可以有效地防止人失误，然而并非任何场合都可以用机器取代人。这是因为人具有机器无法比拟的优点，许多功能是无法用机器取代的。在生产、生活活动中，人永远是不可缺少的系统元素。因此，在考虑用机器代替人操作的时候，要充分发挥人与机器各自的优点，让机器去做那些最适合机器做的工作，让人做那些最适合人做的工作。这样，既可以防止人失误，又可以提高工作效率。人机工程学中的一个重要方面就是系统的人·机功能分配问题。表3-1列出了机器与人各自的基本特征的对比情况。

表3-1　机器与人的特性的对比

特　性	机　　　器	人
感知能力	可感知非常复杂的，能以一定方式被发现的信息； 较人的感觉范围大； 在干扰下会偏离目标	可能从各种信息中发现不常出现的信息； 在良好的条件下可以感知各种形式的物理量； 可以从各种信息中选择必要的信息； 在干扰下很少偏离目标
信息处理能力	有较强的识别时空、方式的能力； 成本越高其可靠性越高； 可以快速、正确地运算； 处理的信息量大； 记忆的容量大； 没有推理和创造能力； 过负荷会发生故障、事故	可以把复杂的信息简化后处理； 可采取不同方法，从而提高可靠性； 有推理、创造能力； 可承受暂时过负荷； 计算能力差； 处理信息量小； 记忆容量小
输出能力	功率大、持续性好； 同时多种输出； 滞后时间短； 需要经常维修保养	力气小、耐力差； 模仿能力差； 持续作业时能力随时间下降，休息后又恢复； 滞后时间长

概括地说，在进行人、机功能分配时，应该考虑人的准确度、体力、动作的速度及知觉能力等四个方面的基本界限，以及机器的性能、维持能力、正常动作能力、判断能力及成本等四个方面的基本界限。人适合从事要求智力、视力、听力、综合判断力、应变能力及反应能力的工作；机器适于承担功率大、速度快、重复性作业及持续作业的任务。应该注意，即使是高度自动化的机器，也需要人来监视其运行情况。另外，在异常情况下需要由人来操作，以保证安全。

3.1.1.2　冗余系统

采用冗余系统是提高系统可靠性的有效措施，也是提高人的可靠性、防止人失误的有效措施。

冗余是把若干元素附加于系统基本元素之上来提高系统可靠性的方法。附加上去的元素称作冗余元素；含有冗余元素的系统称作冗余系统。冗余系统的特征是，只有一个或几个而不是所有的元素发生故障或失误，系统仍然能够正常工作。用于防止人失误的冗余系统主要是并联方式工作的系统。

（1）二人操作。本来由一个人可以完成的操作，由两个人来完成。一般地，一人操作另一人监视，组成核对系统（check system）。当一个人操作发生失误时，另一个人可以纠正失误。根据可靠性工程原理，并联冗余系统的人失误概率等于各元素失误概率的乘积。假设一个人操作发生人失误的概率为 10^{-3}，则两个人同时发生人失误的概率为 10^{-6}，相应地，系统发生失误的概率非常小。

许多重要的生产操作都采取两人操作方式防止人失误的发生。例如，为保证飞行安全，民航客机由正、副两位驾驶员驾驶；大型矿井提升机由两位司机运转等。近年来随着计算机的推广普及，计算机数据库中数据录入的准确性受到了人们的重视。在录入一些重要数据（如学生考试成绩）时，采取两人分别录入数据，然后利用计算机将两组数据比较的方法防止录入失误。

应该注意，当两人在同一环境中操作时，有可能由于同样原因而同时发生失误，即两者的失误在统计上互相不独立，或称共同原因失误。在这种情况下，冗余系统的优点便体现不出来了。为此，必须设法消除引起共同失误的原因。例如，为了防止民航客机的正、副驾驶员同时食物中毒，分别供给来源不同的食物；为了防止处于同一驾驶室的正、副驾驶员发生同样的失误，由处于不同环境的地面管制人员监视他们的操作。

（2）人机并行。由人员和机器共同操作组成的人机并联系统，人的缺点由机器来弥补，机器发生故障时由人员发现故障并采取适当措施来克服。由于机器操作时其可靠性较人的可靠性高，这样的核对系统比二人操作系统的可靠性高。

目前许多重要系统的运转都采用了自动控制系统与人共同操作的方式。例如，民航客机上装备有自动驾驶系统；日本新干线列车上装有自动列车控制装置等，与驾驶员组成人机并行系统。当人操作失误时自动控制系统可以进行纠正；当自动控制系统发生故障时可以由人来控制，使系统的安全性大大提高。

（3）审查。各种审查（review）是防止人失误的重要措施。在时间比较充裕的场合，通过审查可以发现失误的结果而采取措施纠正失误。例如，通过设计审查可以发现设计过程中的失误；通过对文稿、印刷清样的审查、校对可以发现书写、印刷中的错误。

3.1.1.3 耐失误设计

耐失误设计（foolproof）是通过精心设计使得人不能发生失误或者发生失误了也不会带来事故等严重后果的设计。

耐失误设计一般采用如下几种方式：

（1）用不同的形状或尺寸防止安装、连接操作失误。例如，把三线电源的三只插脚设计成不同的直径或按不同的角度布置，如果与插座不一致就不能插入，可以防止因为插错插头而发生电气事故。又如，为了防止用不符合规定的容器称量化学品，使用特制的秤（见图3-1）。

（2）采用联锁装置防止人员误操作。

在一旦发生人失误可能造成伤害或严重事故的场合，采用紧急停车装置可以

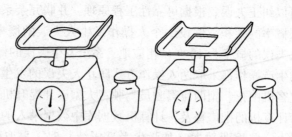

图 3-1　防止用错容器的秤

使人失误无害化。紧急停车方式有如下三种：

·误操作直接迫使机械、设备紧急停车。例如，洗衣机的甩干筒运转时，如果筒盖被掀开，甩干筒立即停止运转，防止伤害人的手臂。

·采用安全监控系统。当操作过程中人体或人体的一部分接近危险区域时，安全监控系统使机械、设备紧急停车，防止人员受到伤害或产生其他危害。例如，各种光电控制系统、红外线控制系统等。

·设置自动停车装置。在有可能由于操作者的疏忽忘记停车而带来严重后果的场合，设置自动停车装置。例如，日本的新干线设有列车自动停车装置（automatic train stop），当列车接近红色信号时使列车自动停止。这样，即使司机发生失误也不会发生列车碰撞事故。

（3）采取强制措施迫使人员不能发生操作误。在一旦人失误可能造成严重后果的场合，采取特殊措施强制人员不能进行错误操作。例如，在冲压机械运转的场合，操作工可能在冲头下行时把手伸进机械的危险区域中而受伤。

防止冲压伤害事故的一种措施是利用与冲头运动联锁的装置，把操作者的手强行推出或拉出危险区域（见图 3-2）。

（4）采用联锁装置使人失误无害化。例如，当飞机停在地面上时，如果驾驶员误触动了起落

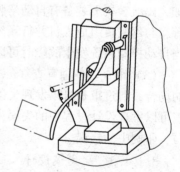

图 3-2　冲压机械的推手装置

架收起按钮，则起落架会收起使机体着地而损坏飞机；若把起落架液压装置与飞机轮刹车系统联锁，则可以防止驾驶员误操作损坏飞机。

3.1.2　防止人失误的管理措施

防止人失误的管理措施很多，归纳起来主要有以下几个方面：

（1）根据工作任务的要求选择合适的人员。

（2）推行标准化作业，通过教育、训练提高人员的知识、技能水平。

（3）合理地安排工作任务，防止发生疲劳和使人员的心理紧张度最优。

（4）树立良好的企业风气，建立和谐的人际关系，调动职工的安全生产积极性。

在后面的章节里将详细地介绍其中一些重要的管理措施。以下的几项具体管理措施已经被实践证明，在日常工作中对防止人失误是十分有效的。

（1）持证上岗。各种工作岗位对人员素质都有一定的要求。在上岗之前经过培训并考核合格后取得上岗许可证，表明已经具备了符合岗位要求的基本素质，掌握了准确进行生产操作的基本技能。持证上岗可以防止由于缺乏必要的知识、技能而发生的人失误。

（2）作业审批。在进行重要的、危险性较高的作业之前，由管理部门进行作业审批，可以保证操作者的资格、能力等个人特征符合作业任务要求，保证作业在有充分准备、可靠的安全措施的情况下进行。我国不同行业、部门的作业审批形式、内容不尽相同，但是都做了明确规定。例如，石油化工等有燃烧、爆炸危险的场所动火前要有"动火票"等。

（3）安全确认。安全确认是在操作之前对被操作对象、作业环境和即将进行的操作行为实行的确认。通过安全确认可以在操作之前发现和纠正异常情况或其他不安全问题，防止发生操作失误。

安全确认的形式很多。例如，日本企业中推广铁路运输作业中的"指差呼称"活动。日语中"指差呼称"的含义是"用手指、用嘴喊"，即某项具体操作之前用手指着被操作对象，用嘴喊操作要点来确认被操作对象和将要进行的动作。根据日本学者的研究，操作之前通过"指差呼称"的"用手指"可以把注意能动地指向被确认的对象，同时大脑意识水平由被动进入能动状态，具有注意的指向作用；同时用眼、口、耳和肌肉多重确认，确认的可靠性高；"用嘴喊"的发声和"用手指"的动作使大脑兴奋；在知觉和反应之间加入"指差呼称"，可以防止匆匆忙忙而误操作。

目前，我国有些企业也开展了类似的活动。

3.2　警　　告

在生产操作过程中，人们需要经常注意危险因素的存在，以及一些必须注意的问题。警告是提醒人们注意的主要方法，它让人们把注意力集中于可能会被漏掉的信息。

为了识别输入的信息并作出正确的决策，需要调用长期记忆中储存的知识和经验。然而，有时当前的工作任务没有提示或要求人员调用长期记忆中的知识和经验，导致操作失误。警告可以提示人们调用他的知识或经验。

　　提醒人们注意的各种信息都是经过人的感官传达到大脑的，因此，可以通过人的各种感官来实现警告。根据所利用的感官之不同，警告分为视觉警告、听觉警告、气味警告、触觉警告及味觉警告。

3.2.1　视觉警告

　　视觉是人们感知外界的主要器官，视觉警告是最广泛应用的警告方式。视觉警告的种类很多，常用的有下面几种：

　　（1）亮度。让有危险因素的地方比没有危险因素的地方更明亮以使注意力集中在有危险的地方。明亮的变电所表明那里有危险并可以发现小偷和破坏者。障碍物上的灯光可防止行人、车辆撞到障碍物上。

　　（2）颜色。明亮、鲜艳的颜色很容易引起人们的注意。设备、车辆、建筑物等涂上黄色或橘黄色，很容易与周围环境相区别。在有危险的生产区域，以特殊的颜色与其他区域相区别，可以防止人员误入。有毒、有害、可燃、腐蚀性的气体、液体管路应按规定涂上特殊的颜色。

　　国标《安全色》GB 2893—2008 规定，红、蓝、黄、绿四种颜色为安全色。

　　（3）信号灯。信号灯经常用来表示一定的意义，也常用来提醒人们危险的存在。一般地，信号灯颜色含义如下：

　　·红色——有危险、发生了故障或失误，应立即停止；

　　·黄色——危险即将出现的临界状态，应注意，缓慢进行；

　　·绿色——安全、满意的状态；

　　·白色——正常。

　　信号灯可以利用固定灯光或闪动灯光。闪动灯光较固定灯光更能吸引人们的注意，警告的效果更好。

　　反射光也可用于警告。在障碍物或构筑物上安装反光的标志，夜晚被汽车灯光照射反光可引起司机的注意。

　　（4）旗。利用旗做警告已有很长的历史了。可以把旗固定在旗杆上或绳子上、电缆上等。爆破作业时挂上红旗防止人员进入。在开关上挂上小旗，表示正在修理或因其他原因不能合开关。

　　（5）标记。在设备上或有危险的地方可以贴上标记以示警告。如指出高压危险、功率限制、负荷、速度或温度限制等；提醒人们危险因素的存在或需要穿戴防护用品等。

　　（6）标志。利用事先规定了含义的符号标志警告危险因素的存在，或应采取的措施。如道路急转弯处的标志、交叉道口标志等。

　　国标《安全标志及其使用导则》（GB 2894—2008）规定，安全标志分为禁止标志、警告标志、指令标志及提示标志和补充标志五类。

（7）书面警告。在操作、维修规程，指令、手册及检查表中写进警告及注意事项，警告人们存在着危险因素，特别需要注意的事项及应采取的行动，应配戴的劳动保护器具等。如果一旦发生事故可能造成伤害或破坏，则应该把一些预防性的注意事故写在前面显眼的地方，引起人们的注意。

3.2.2 听觉警告

在有些情况下，只有视觉警告不足以引起人们的注意。例如，当人们非常繁忙时，即使视觉警告离得很近也顾不上看；人们可能挪到看不见视觉警告的地方去工作，等等。尽管有时明亮的视觉信号可以在远处就被发现，但是设计在听觉范围内的听觉警告更能唤起人们的注意。

有时也可利用听觉警告唤起对视觉警告的注意。在这种情况下，视觉警告会提供更详细的信息。

预先编码的听觉信号可以表示不同的内容。

一般来说，在下述情况下应采用听觉警告：

（1）传递简短、暂时的信息，并要求立即做出反应的场合。

（2）当视觉警告受到光线变化的限制，操作者负担过重，操作者移动或不注意等限制时，应采取听觉警告。

（3）唤起对某些信息的注意。

（4）进行声音通信时。

当要求对紧急情况做出反应时，除了采用听觉警告外，还要有补充的信息或冗余的警告信号。

常用的听觉警报器有喇叭、电铃、蜂鸣器或闹钟等。

3.2.3 气味警告

可以利用一些带特殊气味的气体进行警告。气体可以在空气中迅速传播，特别是有风的时候，可以传播很远。

由于人对气味能迅速地产生退敏作用，用气味做警告有时间方面的限制。只有在没有产生退敏作用之前的较短期间内可以利用气味做警告。

工程上常见的气味警告的例子可列举如下：

（1）在易燃易爆气体里加入气味剂。例如，天然气是没味的。为减少天然气的火灾爆炸危险，可把少量具有浓郁气味的芳香气体加入输送管中，一旦天然气泄漏，可被立即察觉。

（2）根据燃烧产生的气味判断火的存在。不同的物质燃烧时产生不同的气味，于是可以判定什么东西在燃烧。但是，在防火设计中不可考虑这种方法。

（3）在紧急情况下，在人员不能迅速到达的地方，利用芳香气体发出警报。

例如，矿井发生火灾时，往压缩空气管路中加入乙硫醇，把一种烂洋葱气味送入工作面，通知井下工人采取措施。

（4）用芳香气味剂检测设备过热。当设备过热时，芳香气味剂蒸发，可使检修人员迅速发现问题。

吸烟会降低对气味的敏感度。

3.2.4   触觉警告

振动是一种主要的触觉警告。

国外交通设施中广泛采用振动警告的方式。突起的路标使汽车震动，即使瞌睡的司机也会惊醒，从而避免危险。

温度是另一种触觉警告。

工业中很少利用味觉做警告。

3.3   人·机·环境匹配

工业生产作业是由人员、机械设备、工作环境组成的人·机·环境系统。作为系统元素的人员、机械设备、工作环境合理匹配，使机械设备、工作环境适应人的生理、心理特征，可以使人员操作简便准确、失误少、工作效率高。人机工程学（简称人机学）就是研究这个问题的科学。

人·机·环境匹配问题主要包括人机功能的合理分配、机器的人机学设计，及生产作业环境的人机学要求等。机器的人机学设计主要是指机器的显示器和操纵器的人机学设计。这是因为机器的显示器和操纵器是人与机器的交接面。人通过显示器获得有关机器运转情况的信息；通过操纵器控制机器的运转。设计良好的人机交接面可以有效地减少人员在接受信息及实现行为过程中的人失误。

3.3.1   显示器的人机学设计

机械、设备的显示器是一些用来向人员传达有关机械、设备运行状况信息的仪表或信号等。显示器主要传达视觉信息，它们的设计应该符合人的视觉特性。具体地讲，应该符合准确、简单、一致及排列合理的原则。

（1）准确。仪表类显示器的设计应该让人员容易正确地读数，减少读数时的失误。据研究，仪表面板刻度形式对读数失误率有较大影响。在图3-3所示的五种面板刻度形式中，以窗口形为最好，然后为圆形刻度，以下逐次为半圆形、水平及竖直形刻度。

（2）简单。根据显示器的使用目的，在满足功能要求的前提下越简单越好，以减轻人员的视觉负担，减少失误。

（3）一致。显示器指示的变化应该与机械设备状态变化的方向一致。例如，仪表读数增加应该表示机器的输出增加；仪表指针的移动方向应该与机器的运动方向一致，或者与人的习惯一致；否则，很容易引起操作失误。

（4）合理排列。当显示器的数目较多时，例如大型设备、装置控制台（或控制盘）上的仪表、信号等，把它们合理地排列可以有效地减少失误。一般地，排列显示器时应该注意如下问题：

·重要的、常用的显示器应该安排在视野中心的上下30°角范围内。这是视觉效率最高的范围；

·按功能把显示器分区排列；

·尽量把显示器集中安排在最优视野范围内；

·显示器在水平方向上的排列范围可以大于在竖直方向上的排列范围，这是因为人的眼睛做水平运动比做垂直运动的速度快、幅度大。

图3-4所示为人员坐位时最优视野范围及合理的控制台形状。在控制台的上部排列各种显示器，在中部安装各种开关，在下部排列各种操纵器。

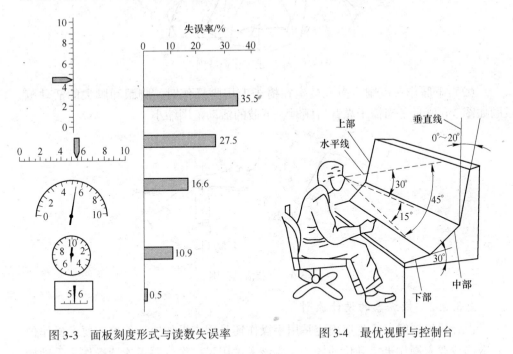

图3-3　面板刻度形式与读数失误率　　　图3-4　最优视野与控制台

3.3.2　操纵器的人机学设计

操纵器的设计应该使人员操作方便、省力、安全。为此，要依据人的肢体活动极限范围和极限能力来确定操纵器的位置、尺寸、驱动力等参数。

3.3.2.1　作业范围

一般地，按操作者的躯干不动时手、脚达及的范围来确定作业范围。如果操纵器的布置超出了该作业范围，则操作者需要进行一些不必要的动作才能完成规定的操作。这给操作者造成不方便，容易产生疲劳，甚至造成误操作。

下面分别讨论用手操作和用脚操作的作业范围。

（1）上肢作业范围。通常把手臂伸直时指尖到达的范围作为上肢作业的最大作业范围。考虑到实际操作时手要用力完成一定的操作而不能充分伸展，以及肘的弯曲等情况，正常作业范围要比最大作业范围缩小些。图 3-5 所示为上肢水平作业范围。

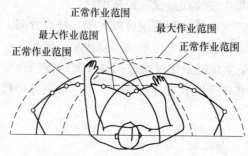

图 3-5　上肢水平作业范围

（2）下肢作业范围。当人员坐在椅子上用脚操作时，脚跟和脚尖的活动范围如图 3-6 所示。当椅子靠背后倾时，下肢的活动范围缩小。

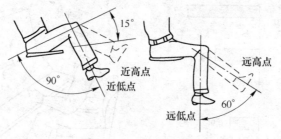

图 3-6　下肢活动范围

3.3.2.2　操纵器的设计原则

设计操纵器时，首先应确定是用手操作还是用脚操作。一般地，要求操作位置准确或要求操作迅速到位的场合，应该考虑用手操作；要求连续操作、手动操纵器较多或非站立操作时需要 98N 以上的力进行操作的场合应该考虑用脚操作。

然后，从适合人员操作、减少失误的角度，还必须考虑如下问题：

（1）操作量与显示量之比。根据控制的精确度要求选择恰当的操作量与显示量之比。当要求被控制对象的运动位置等参数变化精确时，操作量与显示量之比应该大些。

（2）操作方向的一致性。操纵器的操作方向与被控对象的运动方向及显示器的指示方向应该一致。

（3）操纵器的驱动力。操纵器的驱动力应该根据操纵器的操作准确度和速度、操作的感觉及操作的平滑性等确定。除按钮之外一般手动操纵器的驱动力不应超过9.8N。操纵器的驱动力并非越小越好，驱动力过小会由于意外触碰而引起机器的误动作。

（4）防止误操作。操纵器应该能够防止被人员误操作或意外触动造成机械、设备的误运转。除了加大必要的驱动力之外，可针对具体情况采取适当的措施。例如，紧急停止按钮应该突出，一旦出现异常情况时人员可以迅速地操作；而启动按钮应该稍微凹陷，或在周围加上保护圈，防止人员意外触碰。当操纵器很多时，为了便于识别，可以采用不同的形状、尺寸，附上标签或涂上不同的颜色。

3.3.3 生产作业环境的人机学要求

许多工业伤害事故的发生都与不良的生产作业环境有着密切的关系。工业生产作业环境问题主要包括温度、湿度、照明、噪声及振动、粉尘及有毒有害物质等问题。这里仅简要讨论生产环境中的采光照明、噪声及振动方面的问题。

3.3.3.1 采光与照明

人们从外界接收的信息中，80%以上是通过视觉获得的。采光照明的好坏直接影响视觉接收信息的质量，许多伤亡事故都是由于作业场所采光照明不良引起的。对生产作业环境采光照明的要求可概括为适当的照度和良好的光线质量两个方面。

（1）适当的照度。在各种生产作业中，为使人员清晰地看到周围的情况，光线不能过暗或过亮。强烈的光线令人目眩及疲劳，且浪费能量；昏暗光线使人眼睛疲劳，甚至看不清东西。我国《工业企业照明设计标准》（GB 50034—2013）对生产车间工作面上的最低照度值做了详细规定。

（2）良好的光线质量。光线质量包括被观察物体与背景的对比度、光的颜色、眩光及光源照射方向等。按定义，对比度等于被观察物体的亮度与背景亮度的差与背景亮度之比。为了能看清楚被观察的物体，应该选择适当的对比度。当需要识别物体的轮廓时，对比度应该尽量大；当观察物体细部时，对比度应该尽量小些。眩光是眩目的光线，往往是在人的视野范围内的强光源产生的。眩光使人眼花缭乱而影响观察，因此应该合理地布置光源。

在布置光源时还要考虑视觉的适应性问题。例如，汽车沿高速公路穿越长隧道的场合，白天隧道入口处照明亮度应该很高，向隧道深处越来越暗，出口段亮度又逐渐增加，使其与外界亮度差缩小；夜间则反之。这样可以防止司机因明暗适应来不及调节而出现驾驶失误。

3.3.3.2　噪声与振动

噪声是指一切不需要的声音，它会造成人员生理和心理损伤，影响正常操作。噪声的危害主要表现在以下几个方面：

（1）损害听觉。短时间暴露在较强噪声下可能造成听觉疲劳，产生暂时性听力减退。长时间暴露于噪声环境，或受到非常强烈噪声的刺激，会引起永久性耳聋。

（2）影响神经系统及心脏。在噪声的刺激下，人的大脑皮质的兴奋和抑制平衡会失调，引起条件反射异常，久而久之，会引起头痛、头晕、耳鸣、多梦、失眠、心悸、乏力或记忆力减退等神经衰弱症状。长期暴露于噪声环境中会影响心血管系统。

（3）影响工作和导致失误。噪声会使人心烦意乱、容易疲劳，造成心理紧张；分散人员的注意力，干扰谈话及通信而引起失误；噪声还可能使人听不清危险信号而发生事故。

振动直接危害人体健康，往往伴随产生噪声，并降低人员知觉和操作的准确度，不利于安全生产。

控制噪声和振动的措施有隔声、吸声、消声、隔振和阻尼等。

3.4　职业适合性

职业适合性是指人员从事某种职业（或操作）应该具备的基本条件，它着重于职业对人员能力的要求。严格地讲，任何种类的职业都存在职业适合性，即对从事该种职业的人员有一定的要求。不同的职业其职业适合性不尽相同，需要具有不同能力的人员来从事。一般地，特种作业的职业适合性要求比较严格，要求特种作业人员较从事一般作业的人员有更高的素质。根据职业适合性选择、安排人员，使人员胜任所从事的工作，可以有效地防止人失误和人的不安全行为的发生。

职业适合性包括对人员的生理、心理特征方面的要求，以及对知识、技能方面的要求。

3.4.1　职业适合性分析

职业适合性分析是确定职业适合性的方法，通过分析某种职业的任务、责任、性质等特征，确定职业对人员的具体要求；分析人员的生理、心理特征，确定人员适合于什么职业。职业适合性分析包括工作定向分析和人员定向分析两方面的工作。

工作定向分析在于确定职业的特性，如工作条件，工作空间，物理环境，使用的设备、工具，操作特点，训练时间，判断难度，安全状况，作业姿势，体力消耗等特性。可以采用调查法、观察法或关键事件法等方法进行。人员定向分析在工作定向分析的基础上确定从事该职业人员应该具备的基本条件。人员应该具备的基本条件包括所负责任、知识水平、技术水平、创造性、灵活性、体力消耗、训练和经验等 8 个方面的情况。在进行人员定向分析时，要定性地和定量地确定人员的生理、心理特征。在生理方面分析人员的性别、年龄、健康状况、身体条件、视力、听力、有关的生理缺陷等；在心理方面，分析其智力、个性倾向、人格特质、心理运动能力、辨别阈等。人事心理学家认为需要从 9 个方面来要求人员的智力：语文能力、数学运算能力、空间判断能力、形体知觉能力、文书知觉能力、整体协调能力、动作速度、手臂灵巧度、手指灵巧度。

在确定职业适合性时，要根据人机学的基本原理，考虑人的生理和心理极限，客观、合理地提出职业适合性的具体要求。

3.4.2 职业适合性测试

职业适合性测试是在确定了某种职业的职业适合性的基础上，测试人员的能力是否符合该种职业的要求。职业适合性测试包括生理功能测试和心理功能测试两方面的测试。

生理功能测试一般利用生理测试仪器或器械进行，测试项目有身高、体重、肩宽、胸围、握力、背肌力、心率、肺活量、循环机能、视力、听力、嗅觉灵敏度等。通过对身体健康状况的全面检查，可以发现和排除健康状况不佳者、有生理缺陷者。

心理功能测试根据测试项目情况选择相应的方式，有些项目利用仪器或器械测试，如机械能力、手指灵活性、手眼协调能力、注意分配和转移能力、感受性、反应时和空间判断能力等项目的测试；有些项目利用问卷量表测试，如智力、性格、气质、情绪稳定性等项目的测试。

心理功能测试项目繁多，工业领域职业适合性测试中常用一般智力测试、一般能力倾向测试、性向测试和个性测试等。

（1）一般智力测试。一般智力测试利用问卷量表进行，常用的智力测定表有韦氏成人智力量表和斯比智力表。韦氏智力量表包括 11 项测验，其中 6 项为文字测验，5 项为操作测验。文字测验包括常识、理解力、算术能力、数字广度、相似性、字汇测验；操作测验包括图画完成、图形排列、物件装配、积木、数字符号测验。韦氏智力量表测试适用于选拔高层人员的测试。

（2）一般能力倾向测试。一般能力测试适用于选拔下层人员的测试。这种测试是美国劳工局开发的，它包括 12 项测验。在被测试者在规定时间内回答完问题后，将各种测验的得分组合得到 9 种能力倾向的量度和一个智力指标。9 种能力倾向是语文能力倾向、数学能力倾向、空间能力倾向、图形知觉、文书能力、动作协调性、动作速度、手臂灵巧性、手指灵巧性。

（3）性向测试。性向能力是指人员受到训练之前具有的潜在能力。在同样的训练下，具有不同性向能力的人取得的训练成绩是不同的。进行性向测试必须设法去除特殊经验和成绩因素。常用的性向测试有如下几种：

1）机械能力性向测试。测试人员操作机械和判断空间关系的速度和正确性、几何处理能力、对物理或机械原理的理解力等。

2）心理运动能力性向测试。测试手指灵敏度、操作能力、运动能力、眼手协调能力和反应时等心理运动能力。

3）视觉测试。测试有关距离远近、颜色分辨等性向能力。

（4）个性测试。比较著名的个性测试量表有明尼苏达多项个性调查表（MMPI）、加利福尼亚多项个性记录表（CPI）、卡特尔个性调查表（16PF）和艾森克人格问卷（EPQ）等。

3.4.3　职业适合性与人员选择

现代工业生产的各种生产操作对人员素质都有一定的要求，即存在着职业适合性的问题。因此，无论从工作效率的角度还是从事故预防的角度，根据职业适合性合理地选择、安排人员都是非常重要的。选择能力过高或过低的人都不利于事故预防：一个人的能力低于操作要求的水平，会由于他没有能力正确处理操作中出现的各种信息而不能胜任工作，故可能发生人失误；反之，当一个人的能力高于操作要求的水平时，不仅浪费人力资源，而且在工作中会由于心理紧张度过低，产生厌倦情绪而发生人失误。

一般来说，教育训练可以提高人员的能力。但是，人员在接受教育训练时其个性心理特征对教育训练成绩有重要的影响。并非每个人经过训练都可以获得从事某项工作的能力，只有具有一定潜在能力的人经过训练才能达到某种操作的要求。如果在教育训练之前就弄清一个人的职业适合性，在进行教育训练时就可以取得事半功倍的效果。

每个人都可能有许多职业适合性，可以适合许多种职业；也可能缺少一些职业适合性，不能适合某些职业的要求。有时，一个人在某种职业适合性中比较缺少、比较薄弱的特性可以为其他的特性所代替，仍然能够符合该职业的要求，此为职业适合性中的补偿现象。但是，补偿现象是有局限性的，只存在于部分职业适合性中。

应该注意，人员选择和安排是个十分复杂的问题，职业适合性不是人员选择、安排的唯一依据，而且职业适合性本身也有许多值得研究的地方。

随着生产过程的机械化、自动化，生产操作的人·机·环境匹配的改善，防止人失误技术的发展，职业适合性也在发生变化。总的变化趋势是可以有越来越多的人符合某种职业的要求。职业适合性分析和职业适合性测试都是很严肃、科学性很强的工作，要花费许多时间和费用。一般的工业生产操作危险性不高，人员失误或不安全行为不至于导致严重事故，不必按照职业适合性进行人员选择。特种作业的危险性较高，一旦发生人失误或不安全行为可能导致严重后果，可以考虑参照职业适合性选择人员。即使在国外，根据职业适合性选择人员也只局限在少数对人员要求极严格的职业。

3.5 安全教育与技能训练

安全教育与技能训练是防止职工产生不安全行为，防止人失误的重要途径。安全教育、技能训练的重要性，首先在于它能够提高企业领导和广大职工搞好事故预防工作的责任感和自觉性；其次，安全技术知识的普及和安全技能的提高，能使广大职工掌握工业伤害事故发生发展的客观规律，提高安全操作技术水平，掌握安全检测技术和控制技术，搞好事故预防，保护自身和他人的安全健康。

3.5.1 人的行为层次及安全教育

拉氏姆逊（J. Rasmussen）把生产过程中人的行为划分为三个层次，即反射层次的行为、规则层次的行为和知识层次的行为（见图3-7）。

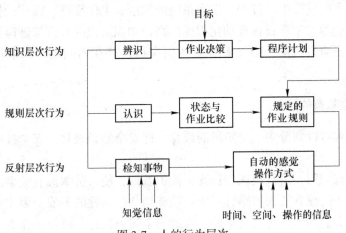

图 3-7　人的行为层次

反射层次的行为发生在外界刺激与以前的经验一致时，这时的信息处理特征是，知觉的外界信息不经大脑处理而下意识的行为。熟练的操作就属于反射层次的行为。反射层次的行为一方面可以节省信息处理时间，准确而高效地工作，以及迅速地采取措施对付紧急情况；另一方面，操作者由于不注意而错误地接受刺激，或因操作对象、程序变更、仪表、设备人机学设计不合理而发生失误。

规则层次的行为发生在操作比较复杂时，操作者首先需要判断应该按怎样的操作步骤操作，然后再按选定的步骤进行操作。进行规则层次的行为时，操作者可能由于思路错误或按常规办事，或由于忘记了操作程序、省略了某些操作、选错了替代方案而失误；长期的规则层次行为会由于形成习惯操作而不大用脑思考，在出现异常情况时容易发生失误。

知识层次的行为是最高层次的行为。它发生在从事新工作、处理没有经历过的事情时，人们通过观察情况，判断事物发展状况，思考如何采取行动，经过深思熟虑后行动。进行知识层次的行为时，操作者受已有的知识、概念所影响，做出错误的假设、设想或推论，或对事故原因与对策的关系考虑不足而发生失误。设备的安装、调试和检修都属于知识层次的行为。

根据生产操作特征对人的行为层次的要求，安全教育相应也有三个层次的教育，即反射操作层次的教育、规则层次的教育和知识层次的教育。

反射操作层次的教育（skill based education）是通过反复进行操作训练，使手脚熟练地、正确地、条件反射式地操作。

规则层次的教育（rule based education）是教育操作者按一定的操作规则、步骤进行复杂的操作。经过这样的教育，操作者牢记操作程序，可以不漏任何步骤地完成规定的操作。

知识层次的教育（knowledge based education）使操作者不只学会生产操作，而且要学习掌握整个生产过程、生产系统的构造、工作原理、操作的依据及步骤等广泛的知识等。生产过程自动化程度越高，知识层次的教育越显得重要。

在进行安全教育时，要注意针对各层次行为存在的问题，采取恰当的弥补措施。

3.5.2　安全教育的阶段

安全教育可以划分为三个阶段的教育，即安全知识教育、安全技能教育和安全态度教育。

安全教育的第一阶段应该进行安全知识教育，使人员掌握有关事故预防的基本知识。对于潜藏有凭人的感官不能直接感知其危险性的不安全因素的操作，对操作者进行安全知识教育尤其重要。通过安全知识教育，可使操作者了解生产操作过程中潜在的危险因素及防范措施等。

安全教育的第二阶段应该进行所谓"会"的安全技能教育。安全教育不只是传授安全知识，传授安全知识确实是安全教育的一部分，但是它不是安全教育的全部。经过安全知识教育，尽管操作者已经充分掌握了安全知识，但是，如果不把这些知识付诸实践，仅仅停留在"知"的阶段，则不会收到实际的效果。安全技能只有通过受教育者亲身实践才能掌握。也就是说，只有通过反复地实际操作、不断地摸索而熟能生巧，才能逐渐掌握安全技能。

安全态度教育是安全教育的最后阶段，也是安全教育中最重要的阶段。经过前两个阶段的安全教育，操作人员掌握了安全知识和安全技能，但是在生产操作中是否实行安全技能，则完全由个人的思想意识所支配。安全态度教育的目的，就是使操作者尽可能自觉地实行安全技能，搞好安全生产。

安全知识教育、安全技能教育和安全态度教育三者之间是密不可分的，如果安全技能教育和安全态度教育进行得不好的话，安全知识教育也会落空。成功的安全教育应不仅使职工懂得安全知识，而且能正确地、认真地进行安全行为。

3.5.3 安全技能训练

安全技能是人为了安全地完成操作任务，经过训练而获得的完善化、自动化的行为方式。由于安全技能是经过训练获得的，所以通常把安全技能教育叫做安全技能训练。

技能是人的全部行为的一部分，是自动化了的一部分。它受意识的控制较少，并且随时都可以转化为有意识的行为。技能达到一定的熟练程度后，具有了高度的自动化和精确性，便称为技巧。达到熟练技巧时，人员可以产生条件反射式的行为。

在日常安全工作中经常会遇到所谓习惯动作的问题。技能与习惯动作并不相同：

（1）技能根据需要可以发生或停止，随时都可以受意识的控制；而习惯动作是无目的地伴随一些行为发生的完全自动化了的动作，需要很大的意志努力和克服情绪上的不安才能控制它、停止它。

（2）技能是为达到一定目的，经过意志努力练习而成的；而习惯动作往往是无意中简单地重复同一动作形成的。

（3）一般地，技能都是有意义的、有益的行为；习惯动作则可能有益，也可能有害。职工中的许多习惯动作是不利于安全的，必须努力克服。

安全技能训练应该按照标准化作业要求来进行。

3.5.3.1 技能的形成及其特征

技能的形成是阶段性的。一般地，技能的形成包括掌握局部动作阶段、初步掌握完整动作阶段、动作的协调及完善阶段，这三个阶段相互联系又相互区别。各阶段的变化主要表现在行为的结构、行为的速度和品质，以及行为调节方面。

在行为结构的变化方面，动作技能的形成表现为许多局部动作联合为完整的动作，动作之间的互相干扰、多余动作逐渐减少；智力技能的形成表现为智力活动的各环节逐渐联系成一个整体，概念之间的混淆现象逐渐减少以至消失，解决问题时由开展性推理转化为简缩性推理。

在行为的速度和品质方面，动作技能的形成表现为动作速度的加快，动作的准确性、协调性、稳定性和灵活性的提高；智力技能的形成表现为思维的敏捷性、灵活性，思维的广度和深度，以及思维的独立性等品质的提高。

在行为的调节方面，动作技能的形成表现为视觉控制的减弱和动觉控制的增强，以及动作紧张的消失；智力技能的形成表现为智力活动的熟练，大脑劳动消耗的减少。

3.5.3.2　练习曲线

技能不是生下来就有的，是通过练习逐步形成的。在练习过程中技能的提高可以用练习成绩的统计曲线表示，这种曲线叫做练习曲线。利用练习曲线，可以探讨在技能形成过程中，工作效率、行为速度和动作准确性等方面的共同趋势。图 3-8 所示为典型的练习曲线。

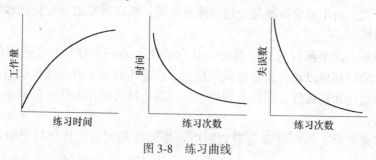

图 3-8　练习曲线

大量的研究表明，练习的共同趋势具有如下特征：

（1）练习成绩进步先快后慢。一般情况下，在练习初期技能提高较快，以后则逐渐慢下来。这是因为，在练习开始时，人们已经熟悉了他们的任务，利用已有的经验和方法可以进行训练，而在练习的后期，任何一点改进都是以前的经验所没有的，必须付出巨大的努力。另外，有些技能可以分解成一些局部动作进行练习，比较容易掌握，在练习后期需要把这些局部动作连结成协调统一的动作，比局部动作复杂、困难，成绩提高较慢。

（2）高原现象。在技能形成过程中，在练习的中期，往往会出现成绩提高暂时停顿的现象，即高原现象。在练习曲线上，中间一段保持水平，甚至略有下降，经过高原后，曲线又继续上升（见图 3-9）。

产生高原现象的主要原因是，技能的形成需要改变旧的行为结构和方式，代之以新的行为结构和方式，在没有完成这一改变之前练习成绩会暂时处于停顿状态；由于练习兴趣的降低，产生厌倦、灰心等消极情绪，也会导致高原现象。

（3）起伏现象。在技能形成过程中，一般会出现练习成绩时而上升时而下降，进步时快时慢的起伏现象。这是由于客观条件，如练习环境、练习工具、指导等方面的变化，以及主观状态，如自我感觉、有无强烈动机和兴趣、注意的集中和稳定、意志努力程度和身体状况等方面的变化，影响练习过程。

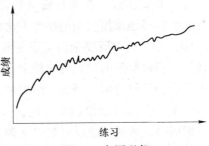

图 3-9 高原现象

3.5.3.3 训练计划

练习是掌握技能的基本途径。但是，练习不是简单地、机械地重复，它是有目的、有步骤、有指导的活动。在制订训练计划时，要注意以下问题：

（1）循序渐进。可以把一些较困难、较复杂的技能划分为若干简单、局部的部分，练习、掌握了它们之后，再过渡到统一、完整的行为。

（2）正确掌握对练习速度和质量的要求。在练习的开始阶段可以慢些，力求准确；随着练习的进展，要适当加快速度，逐步提高练习效率。

（3）正确安排练习时间。一般地，在练习开始阶段，每次练习时间不宜过长，各次练习之间的时间间隔可以短些。随着技能的提高，可以适当延长每次练习时间，各次练习之间的间隔也可以长些。

（4）练习方式要多样化。多样化的练习方式可以提高人们的练习兴趣，增加练习积极性，保持高度注意力。但是，花样太多，变化过于频繁可能导致相反结果，影响技能形成。

3.5.3.4 提高安全教育的效果

为提高安全教育效果，应注意如下几个问题：

（1）用奖励的办法促进巩固学习成果。心理学家通过实验发现，对于学习效果的巩固，给予奖励比不给奖励的效果好得多。例如，在实际工作中，若某人通过学习，在生产中坚持以安全操作技术进行生产，并提高了工作效率，应该立即进行表扬和奖励。这样不仅能使他巩固学习成果，而且会对他人产生很大影响。对于那些只顾产量而不注意安全，或故意不遵守操作规程的人，即使产量高，也不应表扬和奖励，相反应该加以批评教育，指出正确的做法并进行示范。

（2）让人们了解自己的学习成果。人们都愿意知道自己从事的工作做得怎样，学习中也是这样。因此应该把每个人学习的进展情况告知本人，给人们以鼓舞和鞭策。

在学习过程中会出现高原现象，出现停滞期，这时尽管努力学习，进展却很缓慢，甚至出现退步的情况。有些人会丧失勇气，使学习受到影响。应该告诉人们这种情况的出现是正常的，随之而来的将是成绩进步，鼓励人们树立信心，坚持学习。

（3）反复实践。在进行安全教育中，要让人们反复地实践，养成在工作中自觉地、自动地采用安全的操作方法的习惯。

（4）学习内容既要全面又要突出重点。安全教育的内容应有一定的系统性，要使学习者对所学的知识有比较全面的了解。另一方面，对其中的关键部分，要重点突出，反复讲解。例如，组织职工学习安全操作规程时，如果只是把小册子发给每个人，然后给他们念一遍，效果是不会很好的。如果在全面讲解的基础上，把应该注意的问题反复加以强调，效果就会好些。一些特别重要的问题在每天开始工作前提醒注意，也会收到很好的效果。

（5）重视初始印象。对学习者来说，初始获得的印象是非常重要的。如果初始留下的印象是正确的、深刻的，则学习者将牢牢地记住，时刻注意；如果初始留下的印象是错误的，他将会错误下去。由于旧的习惯很难改掉，所以一旦他学习了错误的东西并已经形成了习惯，则以后很难改正。在进行安全教育时，应该教给人们如何做，而不是只教给人们不应该做什么。

3.6　安全行为的产生

3.6.1　行为科学的基本原理

行为科学是研究工业企业中人的行为规律，用科学的观点和方法改善对人的管理，充分调动人的积极性，提高劳动生产率的一门科学。行为科学起源于 20 世纪 20 年代，一般都以著名的霍桑实验作为最早在工业领域中研究人的行为的标志。美国的梅奥在西方电气公司的霍桑工厂进行的实验表明，影响工厂劳动生产率的主要因素不是工作条件、休息时间和工资待遇，而是领导与工人、工人与工人之间的关系。他的研究结果发表在《工业文明的人性问题》中。行为科学综合了心理学、社会学、人类学、经济学和管理学的理论和方法，分析研究生产过程中人的行为及其产生原因，属于多学科相互渗透的边缘学科。

行为科学认为，人的行为是由动机支配的。动机是引起个体行为，维持该行为，并将此行为导向某一目标的念头，是产生行为的直接原因。引起行为的动机可以是一个，也可以是若干个。当存在多个动机时，这些动机的强度不尽一致，且随时发生变动。在任何时候，一个人的行为都受其全部动机中最强有力的动机，即优势动机所支配。

激发人的动机的心理过程叫做激励。通过激励可以使个体保持在兴奋状态中。在事故预防工作中，激励是指激发人的正确动机，调动人的积极性，搞好安全生产。

需要是指个体缺乏某种东西的状态，包括缺乏维持生理作用的物质要素和社会环境中的心理要素。为了弥补这种缺乏，就产生欲望和动力，引起并推动个体活动。需要是一种极复杂的心理现象，它既受人的生理上自然需求的制约，又受后天形成的社会需要的制约，二者统一于个体之中。

需要（需求、期望、欲望）是激励的基础，是为个体所感觉到并认可的激励力量。当个体感到某种需要时，就会在内心中产生一种紧张或不平衡，进而产生企图减轻紧张的行动。图 3-10 所示为动机激励模式。

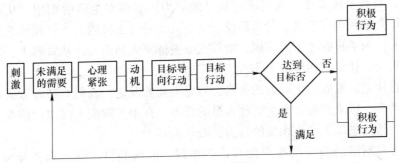

图 3-10　动机激励模式

行为科学中关于人的行为的理论很多，与产生安全行为联系最密切的理论有如下几种。

3.6.1.1　需要层次理论

马斯洛（Abraham Harold Maslow）认为，人具有内在的动机（需要）来指导或推动他们走向自我完成和个人优越的境地。较高层次的需要，只有在较低层次的需要满足后才能占优势。各人的动机结构是不相同的，各层次的需求对行为的影响也不一致。各层次的需要相互依赖和重叠，并且是发展变化着的，因此，需要层次是一种动态的，而不是一种静止概念。他认为，只有未被满足的需要才能影响行为。

人类需要的五个层次如下：

（1）生理需要。指物质需要，维持生命的基本需要。例如，饥和渴是普遍的生理基本驱动力。马斯洛说："缺少食物、安全、爱情及尊重的人，很可能对食物的渴望比其他任何东西的需求都更为强烈。"

（2）安全需要。不仅包括身体的实际安全，也包括心理上和物质上的免受损害。从管理上来说就是要注意安全生产、保障工作的安定感，较稳定的收入和物价、福利制度、财产保险和良好的社会秩序等。

（3）社交需要。前两个需要都反映在个人身上，而社交需要反映了同其他人发生的相互作用，亦称为社会性需要。它包括与别人交往、归属于群体、得到别人的支持、友谊与爱情等需要。这一层次的需要脱离了前面所强调的生理方面的内容，开始强调精神的、心理的、感性的东西。这类需要得不到满足，会影响人的心理健康，产生病态心理，甚至失常。

（4）尊重需要。人们需要自我尊重和受人尊重，即按照自己的标准和别人的标准期望得到尊重。为了满足尊重需要，人们要努力工作取得成绩来赢得尊重。应该注意的是，自卑或过于自尊都是有害的；尊重别人往往会导致自我尊重和受人尊重；对职工的成绩给予适当的肯定和赏识，可以促进人们继续完成工作任务和取得新成就。

（5）自我实现需要。人们通过自己的努力，实现对生活的期望，从而对生活和工作会感到很有意义。马斯洛说，一个人能是什么样的人，必须使之成为什么样的人。为了自我才干的实现，能够充分发挥个人的潜力。从管理上，对职工要量才使用，让其干相应的工作。

随着社会的发展，生产力的提高，教育事业的发达，人们对精神方面的需要将越来越多，越来越高。安全管理人员的任务，在于了解职工需求的情况，采取恰当的措施促进职工产生积极的行为，安全的行为。

关于马斯洛的需要层次理论有许多争议，但就其科学性（而不是阶级性）而言，具有一定借鉴价值。

3.6.1.2　双因素理论

美国心理学家赫茨伯格（F. Herzberg）通过调查发现，职工的不满意情绪往往是由工作环境引起的，而满意的因素通常由工作本身产生。于是，他提出了"激励因素 – 保健因素理论"，简称为"双因素理论"。

激励因素是指使人得到满足感和起激励作用的因素，又称满意因素，其内容包括成就、赞赏、工作本身的挑战性、负有责任及上进心等。满足激励因素，能激励职工的工作热情和积极性，搞好工作。因此，激励因素是适合个人心理成长的因素，激发人们工作热情的因素，促进人们进取的因素。

所谓保健因素，是指缺少它会产生意见和消极情绪的因素，是避免产生不满意的因素，其内容包括企业的政策与管理、监督、工资、工作环境及同事关系等。"保健"二字表示像预防疾病那样，防止不满意情绪的产生。改善保健因素，消除不满情绪，能使职工维持原有的工作状况，保持积极性，但不起激励作用，不能使职工感到很满意。

双因素理论舍弃了"人主要为钱而工作"的观念，强调工作本身的激励作用和精神需要对物质需要的调节作用。

3.6.1.3　期望理论

心理学家弗罗姆（Victor H. Vroom）认为，在任何时候人类行为的激励力量，都取决于人们所能得到的结果的预期价值——效价，与人们认为这种结果实现的期望值的乘积，即个人行为与其结果之间有如下关系：

$$激发力量 = 效价 \times 期望值$$

这里，激发力量表示人们被激励的强度；效价指实现目标对满足个人需要的价值如何；期望值指根据个人经验估计的实现目标的概率。效价和期望值的不同结合，决定着激发力量的大小。期望值大、效价大，则激发力量大；期望值小、效价小，或二者中某一个小，则激发力量小。

弗罗姆提出了人的期望模式，用以表现人们的努力与获得的最终报赏之间的因果关系（见图 3-11）。

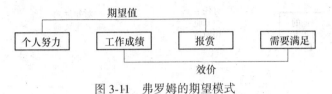

图 3-11　弗罗姆的期望模式

该模式把激励过程分为三个部分，也就是说要处理好下面三个关系，才能使激发力量最大：

（1）从事某项工作本身的内在效价，即报赏与满足之间的关系。

（2）完成工作任务的期望值，即个人努力与工作成绩的关系。

（3）获得报赏的期望值，即工作成绩与报赏之间的关系。

工作成绩称为一级结果，即组织目标；报赏称为二级结果，即个人目的。对一级结果激发的动力，还要看职工是否确信会导致二级结果，即事先能否看出工作成绩和报赏之间的因果关系。

总之，按照弗罗姆理论，人们趋向于做出很大努力去达到目标，那是因为第一，他们能够完成任务；第二，事先知道报赏的内容和得到报赏的可能性很大。

3.6.2　实行安全行为的决定性因素

劳勒（Lawler）和波特（Porter）在期望理论的基础上，提出了更完善的激励模式。他们认为，努力取决于报赏的价值、报赏几率和个人认为需要的能力（见图 3-12）。

在他们提出的动机—报赏—满足模型中，努力和工作成绩之间的关系，除了主要取决于努力外，还受人们对任务的知觉（对目标、所需活动和对任务其他方面的理解）和个人能力的影响；成绩和满意之间的关系，还取决于内在和外在的报赏及对报赏是否公平的认识。内在的报赏包括具有挑战性的或令人愉快的工作、成就感、责任感和自尊等；外在的报赏包括工资、奖励、表扬、工作条件和地位等。

皮特森（Petersen）提出了与劳勒和波特模型类似的动机—报赏—满足模型，如图 3-13 所示。

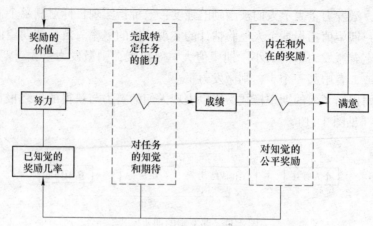

图 3-12　波特和劳勒的激励模式

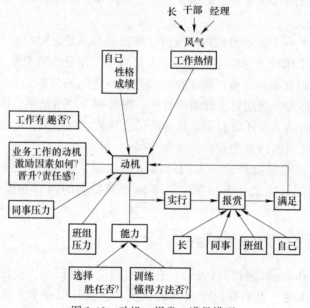

图 3-13　动机—报赏—满足模型

他认为，职工能否实行安全行为，主要取决于如下两个因素：

（1）是否有从事该项工作的能力。

（2）是否有高水准的动机。

也就是说，如果人们有胜任工作的能力，又被激励产生了动机，则能以安全行为完成工作任务。

职工的能力取决于人员选择，以及教育、训练情况。动机来自于日常的压力（来自同事的压力、班组的压力及其他方面的压力）、工作任务的激励因素、工作本身、人员个性、企业的风气等，非常复杂。

职工安全地完成了工作任务，获得正的或负的报赏。这种报赏可能是上级或组织给的，也可能来自同事或班组、自身的成就感（本质的报赏）。获得的报赏能否与所期望的报赏相符合，即是否得到了满足，对以后行为的动机将产生影响。

3.6.3　建立与维持对安全工作的兴趣

兴趣是人力求认识某种事物，从事某种活动的倾向。由于这种倾向，使一个人的注意经常集中和趋向于某种事物。

兴趣是获得知识、开阔眼界以及丰富心理生活内容的最强大的推动力。兴趣对完成某种事业具有效果和力量。真正有效的兴趣能鼓舞人去积极追求其满足，而成为活动的最有力的动机。

海因里希提出，防止伤亡事故的第一原则是建立和维持职工对安全工作的兴趣。一个人的兴趣可以由针对性强的一种或多种强烈的感觉、情感或意志、愿望引起。下面介绍的一个人或一群人的个性，可以利用人们的个性心理特征引起其对安全工作的兴趣，激励人们搞好安全生产的动机。

（1）自卫感。害怕被伤害，是个性心理特征中最强烈且较普遍的一种特性。例如，一个下意识怕被伤害的工人，如能利用这一点引起对注意安全的兴趣，则他会对机器做适当的防护而站在安全的位置上操作。又如，亲朋、父兄中有人曾因工伤事故而伤亡的青年职工，往往自卫感较强，人道感也较强。

借自卫感来建立与维持兴趣的方法有，描述伤害的后果（但不应使用太恐怖的方法）；比较强健而充满活力的人与受伤害者之间的工作能力及生活情趣间的差距等。可以利用板报、展览、电影、电视等形式。

应该注意，对于轻视个人安全，又有强烈荣誉感的鲁莽汉，过分强调自卫，反而会促使其逞能，更容易把自己暴露于危险环境之中；反之，若对其强调集体的荣誉，将有利于动员他努力防止伤亡事故。另外，热心于安全生产的人，并非是有强烈自卫感的怕死者。出于责任感、人道感，有自卫感的人也会舍己为人，忘我地去抢救别人。

（2）人道感。人道主义是人类广泛具有的品质，希望为他人服务。具有共产主义道德的人有比人道主义更高的思想境界，对他人受到伤害有强烈的同情心。利用人道感可以唤起职工对他人安全的关心，既做到自己不受伤害，也不让别人受到伤害。人道感最好发挥于工人尚未置身于危险状况之前。当然，重视急救，强调拯救生命及避免事故扩大，以及利用事故伤亡数字，更易唤起有人道感的人的合作。

（3）荣誉感。即希望与人合作，关心集体荣誉和个人荣誉。告诉职工，发生工伤事故会影响班组、车间的安全记录，有荣誉感的职工为了保持本单位的安全记录，不会产生不安全行为。有荣誉感的人喜欢支持上级，并遵守安全规程。对此类人不必过分强调与群众合作的好处，而应强调不合作是不妥的。告诉职工其不安全行为不仅会导致伤亡事故，而且还会减少产品数量和降低产品质量，增加成本。这样可以调动有荣誉感职工的安全生产积极性。

（4）责任感。能认清自己义务的心理特征。大多数人都有某种程度的责任感。可以增加有责任感的人在安全工作中所负的责任；也可以指派其承担某项安全工作以发展其安全生产方面的兴趣。例如，选派其当兼职安全员，或令其负责安全宣传报导等。

（5）自尊心。希望得到自我满足和受到赞赏。自尊心来自于对自己工作价值的认识和获得的报赏。表扬、奖励是经常用来引起自尊心的刺激。可以用图表或统计数字显示职工安全生产成果或颁发奖状、奖金鼓励先进个人或集体。让有自尊心的人担负安全管理责任时，往往会有特别积极的表现。

（6）从众性。害怕被人认为与众不同的心理特征。有从众性的人不愿标新立异，总是竭诚地遵守安全规程。可以通过制定大多数人都能遵守的规程，指出违反劳动纪律和安全规程为大家所不齿，强调组织纪律性等方法，调动具有从众性的职工的安全生产积极性。

（7）竞争性。希望与人竞争的心理特征。这种心理特征的人在与他人竞争时，往往比单独工作更有劲；在与别人竞争时，他的兴趣似乎在于证明自己比别人优越。为引起其对安全生产的兴趣，可以让其参加安全竞赛，提出有竞争性的安全目标，如安全行车几万公里、几年无事故等。

（8）希望出头露面，或称领袖欲。利用这种心理特征，可以增加其安全工作责任，如指派作兼职安全员、群众监督岗、安全检查小组长等。

（9）逻辑思考力。这种人往往以"明察秋毫"自负，善于分析问题并做出正确的结论。可以安排这种人在安全机构中担负一定职务，以发挥其思考力的特长。

（10）希望得到奖励。人们几乎都希望得到物质的或精神的鼓励。因此可以用各种奖励来调动职工安全生产积极性。

在分析职工的心理特征时，要认真调查研究其下列状况：经济地位、家庭情况、健康状态、年龄、嗜好、习惯、性情、气质、心情，以及对不同事物的心理反应。究竟选用何种方法调动其安全生产积极性，应视其个人情况而定。例如，一个家庭人口多、负担重的工人，毫无疑问地较一个光棍汉有更强烈的经济要求；家中富裕、生活无负担的青年工人对安全奖不一定都有兴趣。

在进行安全态度教育、开展安全活动时，可以利用这些个性心理特征来建立和维持职工对安全生产的兴趣。但是，不主张发展这些特征。

思　考　题

3-1　怎样防止人失误的发生？

3-2　为什么高度自动化的机器也需要人员来监视其运行情况？

3-3　防止人失误的工程技术措施有哪些？

3-4　"通过教育和训练使人员适应机械运转的要求"，这样的说法对吗，为什么？

3-5　企业为什么要经常对人员进行安全教育？

3-6　如何认识职业适合性在防止人的不安全行为和人失误方面的作用？

3-7　怎样理解"防止伤亡事故的第一原则是建立和维持职工对安全工作的兴趣"？

3-8　根据行为科学理论应该如何调动职工的安全生产积极性？

4 企业安全管理

4.1 企业安全管理概述

企业安全管理是为实现安全生产而组织和使用人力、物力和财力等各种资源的过程。它利用计划、组织、指挥、协调、控制等管理机能，控制来自自然界的、机械的、物质的不安全因素和人的不安全行为，避免发生事故，保障职工的生命安全和健康，保证企业生产顺利进行。企业安全管理是事故预防的基本方法。

企业安全管理是企业管理的一个重要部分。安全性是工业生产系统的主要特性之一；安全寓于生产之中。企业的安全管理与其他各项管理工作密切关联、互相渗透。因此，一般来说，企业的安全状况是整个企业综合管理水平的反映。并且，在其他各项管理工作中行之有效的理论、原则、方法也基本上适用于安全管理。

与企业生产经营管理中涉及的产量、成本、质量等相比，安全管理涉及的事故是一种人们不希望发生的意外事件、小概率事件，其发生与否，何时、何地、发生何种事故，以及事故后果如何具有明显的不确定性。于是，安全管理具有许多与其他方面管理不同的地方。

（1）提高人们的安全意识是安全工作永恒的主题。安全管理是为了防止事故。事故一旦发生可能带来巨大的损失，包括经济损失和生命健康损失。我国自古就有"人命关天"的说法，体现对生命的重视。安全涉及人命关天的事情，当然非常重要。然而，由于事故发生和后果的不确定性，导致人们往往忽略事故发生的危险性而放松了安全工作。并且，安全工作带来的效益主要是社会效益，安全工作的经济效益往往表现为减少事故经济损失的隐性效益，不像生产经营效益那样直接、明显。因此，安全管理的一项重要的、长期的任务是提高人们的安全意识，唤起企业全体人员对安全工作的重视和关心。提高人们的安全意识是安全工作永恒的主题。

（2）安全管理决策必须慎之又慎。由于事故发生和后果的不确定性，使得安全管理的效果不容易立即被观察到，可能要经过很长时间才能显现出来。由于安全管理的这一特性，使得一项错误的管理决策往往不能在短时间内被证明是错误的；当人们发现其错误时可能已经经历了很长时间，并且已经造成了巨大损失。因此，在做安全管理决策时，要充分考虑这种效果显现的滞后性，必须谨慎从事。

安全的事情是人命关天的事，从决策技术的角度，许多安全管理决策属于不重复性决策问题，必须慎之又慎。

（3）事故致因理论是指导安全管理的基本理论。安全管理诸机能中最核心的是控制机能，即通过对事故致因因素的控制防止事故发生。然而，什么是事故致因因素，这又涉及一系列关于事故发生原因的认识论问题；相应地，安全管理的另一特殊性在于，事故致因理论是指导安全管理的基本理论。

4.1.1　事故预防工作五阶段模型

事故预防的基本方法是安全管理。

海因里希认为，事故预防是为了控制人的不安全行为、物的不安全状态而开展的以某些知识、态度和能力为基础的综合性工作，一系列相互协调的活动。

一直以来，人们就通过图4-1所示的一系列努力来防止工业事故的发生。掌握事故发生及预防的基本原理，拥有对人类、国家、劳动者负责的基本态度，以及从事事故预防工作的知识和能力，是开展事故预防工作的基础。在此基础上，事故预防工作包括以下五个方面：

（1）建立健全事故预防工作组织，形成由企业领导牵头的，包括安全管理人员和安全技术人员在内的事故预防工作体系，并切实发挥其效能。

（2）通过实地调查、检查、观察及对有关人员的询问，加以认真地判断、研究；通过对事故原始记录的反复研究，收集第一手资料，找出事故预防工作中存在的问题。

（3）分析事故及不安全问题产生的原因。它包括弄清伤亡事故发生的频率、严重程度、场所、工种、生产工序、有关的工具、设备及事故类型等，找出其直接原因和间接原因、主要原因和次要原因。

（4）针对分析事故和不安全问题得到的原因，选择恰当的改进措施。改进措施包括工程技术方面的改进、对人员说服教育、人员调整、制定及执行规章制度等。

（5）实施改进措施。通过工程技术措施实现机械设备、生产作业条件的安全，消除物的不安全状态，通过人员调整、教育、训练消除人的不安全行为。在实施过程中要进行监督。

以上对事故预防工作的认识被称作事故预防工作五阶段模型。该模型包括了企业事故预防工作的基本内容。但是，它以实施改进措施作为事故预防的最后阶段，不符合"认识—实践—再认识—再实践"的认识规律以及事故预防工作永

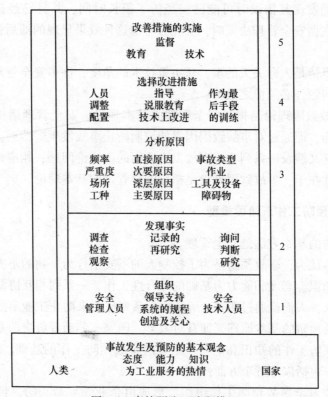

图 4-1 事故预防五阶段模型

无止境的客观规律。因此，海因里希后来对事故预防五阶段模型进行了改进，得到改进的事故预防五阶段模型如图 4-2 所示。

事故预防工作是一个不断循环进行、不断提高的过程，不可能一劳永逸。在这里，预防事故的基本方法是安全管理，包括资料收集，对资料进行分析来查找原因，选择改进措施，实施改进措施，对实施过程及结果进行监测和评价；在监测和评价的基础上再收集资料，发现问题……

事故预防工作的成败，取决于有计划、有组织地采取改进措施的情况。特别是，执行者工作的好坏至关重要。因此，为了获得预防事故工作的成功，必须建立健全的事故预防工作组织，采用系统的安全管理方法，唤起和维持广大干部、职工对事故预防工作的关心，经常不断地做好日常安全管理工作。

改进措施可分为直接控制人员操作及生产条件的即时措施，以及通过指导、训练和教育逐渐养成安全操作习惯的长期改进措施。前者对现存的不安全状态及不安全行为立即采取措施解决；后者用于克服隐藏在不安全状态及不安全行为背后的深层原因。

如果有可能运用技术手段消除危险状态，实现本质安全或耐失误（foolproof）

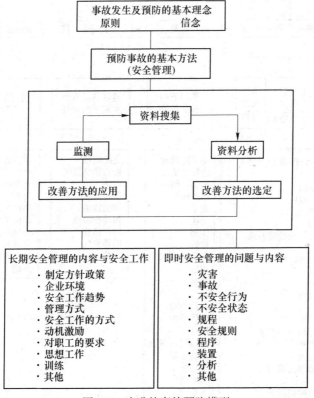

图 4-2　改进的事故预防模型

时，则不管是否存在人的不安全行为，都应该首先考虑采取工程技术上的对策。当某种人的不安全行为引起了或可能引起事故，而又没有恰当的工程技术手段防止事故发生时，则应立即采取措施防止不安全行为重复发生。虽然这些即时的改进对策是十分有效的，然而，我们绝不能忽略了所有造成工人不安全行为的背后原因，这些原因更重要。否则，改进措施仅仅解决了表面问题，而事故的根源没有被铲除掉，以后还会发生事故。

4.1.2　企业安全管理的基本内容

根据事故预防五阶段模型，企业安全管理的基本内容及实施程序列于图 4-3和图 4-4。其中，前者为企业上层的安全管理基本内容，后者为企业基层单位的安全管理基本内容。

4.1.3　事故预防的 3E 原则

海因里希把造成人的不安全行为和物的不安全状态的主要原因归结为四个方面的问题：

图 4-3   企业上层安全管理的基本内容

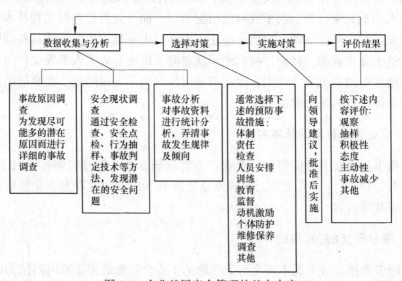

图 4-4   企业基层安全管理的基本内容

（1）不正确的态度。个别职工忽视安全，甚至故意采取不安全行为。

（2）技术、知识不足。缺乏安全生产知识、缺乏经验，或技术不熟练。

（3）身体不适。生理状态或健康状况不佳，如听力、视力不良，反应迟钝、疾病、醉酒或其他生理机能障碍。

（4）不良的工作环境。照明、温度、湿度不适宜，通风不良，强烈的噪声、振动，物料堆放杂乱，作业空间狭小，设备、工具缺陷等不良的物理环境，以及操作规程不合适、没有安全规程及其他妨碍贯彻安全规程的事物。

针对这4个方面的原因，海因里希提出了以下4种对策，以避免产生人的不安全行为和物的不安全状态：

（1）工程技术方面改进。

（2）说服教育。

（3）人事调整。

（4）惩戒。

这4种安全对策后来被归纳为众所周知的3E原则，即

（1）Engineering——工程技术。运用工程技术手段消除不安全因素，实现生产工艺、机械设备等生产条件的安全。

（2）Education——教育。利用各种形式的教育和训练，使职工树立"安全第一"的思想，掌握安全生产所必需的知识和技能。

（3）Enforcement——强制。借助于规章制度、法规等必要的行政、乃至法律的手段约束人们的行为。

一般地讲，在选择安全对策时应该首先考虑工程技术措施，然后是教育、训练。实际工作中，应该针对不安全行为和不安全状态的产生原因，灵活地采取对策。例如，针对职工的不正确态度问题，应该考虑工作安排上的心理学和医学方面的要求，对关键岗位上的人员认真挑选，并且加强教育和训练；如能从工程技术上采取措施，则应该优先考虑。对于技术、知识不足的问题，应该加强教育和训练，提高其知识水平和操作技能；尽可能地根据人机学的原理进行工程技术方面的改进，降低操作的复杂程度。为了解决身体不适的问题，在分配工作任务时要考虑心理学和医学方面的要求，并尽可能从工程技术上改进，降低对人员素质的要求。对于不良的物理环境，则应采取恰当的工程技术措施来改进。

即使采取了工程技术措施，减少、控制了不安全因素的情况下，仍然要通过教育、训练和强制手段来规范人的行为，避免不安全行为的发生。

4.2 资料收集与分析

海因里希认为，建立与维持职工对事故预防工作的兴趣是事故预防工作的第一原则，其次是要不断地分析问题和解决问题。

收集资料、掌握企业安全状况及事故预防工作实施情况，是企业事故预防工作的基础。

资料收集与分析工作包括以下内容：

（1）查明事故为什么会发生，即事故发生原因调查。

（2）调查管理机构是否成功地实施了可能的、恰当的预防事故措施。

（3）从总体上分析事故发生的倾向、趋势，以及与事故发生有关的环境。

根据海因里希理论，企业事故预防工作的中心，是控制人的不安全行为和消除物的不安全状态。但是，根据博德的管理失误论，为了真正实现安全生产，不应着力去发现工人的缺点毛病，而应该努力找出造成事故得以发生的管理方面的缺陷。资料收集与分析的作用，在于查明包括人失误在内的，可能的故障类型及其对生产系统的影响，判定管理诸问题的症结所在。因此，调查的重点应从单纯的不安全行为或不安全状态转向发现管理方面的问题，弄清作为征兆的不安全行为，不安全状态为什么会发生，考察企业的管理机构是否采取了有效的措施防止事故发生。

4.2.1 事故发生原因调查

事故发生原因调查在事故发生后进行，故又称事故后调查。图 4-5 所示为进行事故调查的程序。

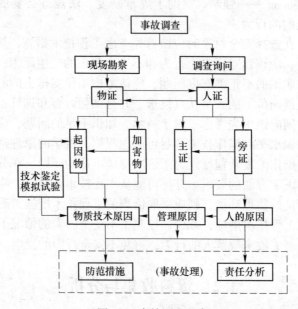

图 4-5 事故调查程序

在进行事故发生原因调查时，一般应注意如下的几个问题：

（1）明确调查的目的和要求。为什么进行调查，通过调查想解决什么问题，从不同的目的出发可以得到不同的答案。应该知道，调查的主要目的是为了防止伤亡事故；基本要求是查明造成事故和促成事故的原因。

（2）做好调查准备。事故调查包括很多内容，是一项很复杂的工作，调查之前必须做好充分准备。应该制订一份切实可行的调查计划。最好是在事故发生之前就准备好调查计划。计划的内容可以简单易懂，也可以详尽周密。它应该包括调查的步骤、方法，需要收集哪些方面的事实，应该携带哪些工具、用品等。它还应该包括事故后的消防、救护、防止事故延续的措施，减少人员受伤害和财产受损失的措施，保护事故现场的措施。

调查前准备得越充分，调查会进行得越顺利、越有成效。

（3）收集有关事故的事实。为了做出正确的结论并提出防止事故的整改建议，必须掌握究竟是什么引发事故的。调查从开始作业直到事故发生的全过程，尽可能地把与事故有关的事实查明，其中包括出现异常时或事故发生时的处置情况。此外，事故扩大为二次事故的情况也应同样查明。当被调查的事实涉及有关的规章制度时，更应该调查清楚。一般地，从与事故有关的"人"、"物"、"管理"、"事故发生经过"四个方面来收集事实（见图4-6）。

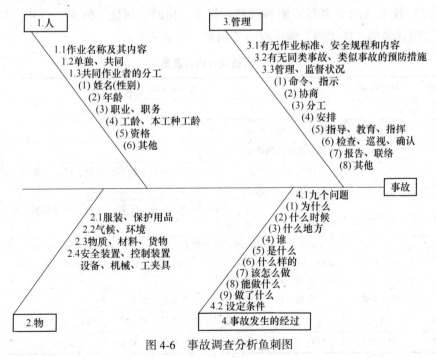

图4-6 事故调查分析鱼刺图

1）有关"人"的事实。查清受伤害者的作业名称和内容，所承担的作业任务；是单独作业还是共同作业，若是共同作业，需弄清受伤害者曾和谁一起工作；事故有关人员的自然情况及工作任务，如姓名、性别、年龄、工种、工作单位、工龄、本工种工龄，以及是否有资格从事该项作业、所承担的作业任务等。

2）有关"物"的事实。作业服装、防护用具的质量与使用情况；气候和环境，如自然环境、生产作业环境，作业场所的整理、整顿、清洁和安全通道等；物质、材料、货物，特别是危险物质（爆炸、可燃、易燃物质等）、有害物质（有害气体、蒸汽、粉尘、放射性物质等）的名称、质量、数量、相态、性质、浓度等；设备、机械工具、夹具、安全装置等的情况。

3）有关"管理"的事实。有无操作规程、安全规程，其内容如何，特别是与事故有关的规程情况，人员遵守规程的情况；有无同类事故、类似事故的预防措施，其内容及实施情况如何；管理、监督状况如何等。

4）有关"事故发生经过"的事实。调查从作业开始前直到事故发生后的全过程，了解有哪些不安全状态和不安全行为，特别是人的不安全行为，它们产生的背后原因。其中包括调查异常发生时或事故发生时的处理、联络、报告和确认等情况。

在收集有关事故的事实过程中，必须注意如下问题：

（1）按事故发生、发展的时间顺序来收集事实。

（2）收集到的事实必须能够回答：何故、何时、何地、何人、何物、什么样的、应该做吗、能做吗、做了没有等问题（见表4-1）。

表4-1　事故调查内容及要点

序号	调查内容	调　查　要　点
1	何故	理由
2	何时	期间、日期、时刻
3	何地	场所的特点和环境条件
4	何人	监督人员和作业人员（工种、所属单位、性别、年龄、经验、资格、健康状况、体力、性格、教育程度）
5	何物	物料、材料、货物、机械、装置、设施、工具、夹具、安全装置、有害物抑制装置、保护用具、服装
6	什么样的	作业方法（作业标准、保护用具、工具、夹具）、作业条件（频度、数量、姿势、强度）、生产条件、生产计划、施工计划、技术标准、环境标准、整理、整顿、清洁、环境条件
7	应该做吗	权限和责任、职务（法规、管理规程、计划）
8	能吗	能力、适合性（教育训练及适合性检查的结果）、资格（就业期限）
9	做了没有	检查、确认（行动和记录、评价和研讨、对策）

（3）尽可能找到事故的目睹者，从受伤者那里仔细听取与事故有关的情况，从尽可能多的在场者那里收集有关事实。

（4）注意收集有关事故的物证，如残留物、痕迹等，以供分析和研究。

当收集到第一批有关事实并用心思索的时候，我们就对它们开始分析了。分析事实与收集事实几乎是同时进行的。对收集的事实进行分析，包括慎重考虑受伤者、目击者及与事故有关人员的叙述，加以分析判断、去伪存真；现场和实验室分析残留物或痕迹等。对已经掌握的事实的分析，将为继续寻找事故原因指明方向。

当收集到事实并加以分析之后，就会得到发生了什么样的事故和什么原因造成了事故的结论。结论的关键是决定伤亡事故的根本原因。

根据发现的全部问题，分清事故的主要原因是"人"或"物"或"管理"。这里的管理是指生产管理、安全管理。

根据收集到的事故事实，把存在的问题及其相互关系搞清楚；作为根本问题的事实就是事故的原因。把事故原因写成条款方式，便于确定预防事故措施。

主要原因可用来对事故定性。要从诸多原因中舍弃一般原因，突出主要原因。一般来说，人与物的重大问题或管理失误都属于事故的主要原因。

我国国家标准《企业职工伤亡事故调查分析规则》（GB 6442—86）对事故调查的程序和内容做了明确的规定。

4.2.2 行为抽样法

调查不安全行为或人失误的方法很多，行为抽样法是调查人的行为的基本方法。

4.2.2.1 行为抽样法原理

在大多数情况下，伤亡事故的发生与人的不安全行为或人失误有着密切的关系。除了鉴别人的不安全行为或人失误之外，还要调查人的不安全行为发生的频率或人失误率，这样才能定量地把握企业的安全状况、预测伤亡事故的发生。

调查某一种作业过程中出现不安全行为的频率，或不安全生产与安全生产时间之差，可以采用两种办法进行观测。一种方法是连续地进行观测，这样得到的结果虽比较可靠，但需要花费很多的精力；另一种方法就是采用抽样法。

抽样法长期以来一直被人们当作工业管理的一种手段，用于质量管理等领域。这里使用的抽样观测法和工业质量管理中采用的抽样法一样，都是以随机抽样统计原理为基础的，通过对总体的一部分——样本的观测，推断总体的特征。随机抽样法是在一系列瞬时随机观测的基础上，使用统计方法评价一定范围内的生产活动情况的方法。

调查人的不安全行为发生的频率时，可以采用抽样法观测。用这种方法还可以研究工人从事某项生产作业中发生失误的频率，例如考察矿山卷扬机司机操作失误的频率；或调查一组工人在某种生产条件下出现不安全情况的比率，来评价某种安全措施的效果。这种用于观测人员行为的方法称为"行为抽样法"。

大量专门的研究表明，在一个工作日内的各段时间里工人产生不安全行为的频率是不同的，有时生产作业本身也不是很均衡的。为了使观测的读数均匀地分布在整个工作日内，避免某一段时间里读数过多，可以采用按时间分层随机抽样法，使每个小时都被包括在观测范围之内。要根据抽样研究的时间及研究的内容，来确定分层时间间隔的长短。为了保证其随机性，可以利用随机数表选择每段时间内的具体观测时间。

下面简单介绍如何利用随机数表选择观测时间。

假设计划在从早 8 时到下午 5 时的期间内观测 8 次，除去午休时间（12:00~13:00），相当于每个小时内观测一次：

8:00~9:00　　9:00~10:00　　10:00~11:00　　11:00~12:00

13:00~14:00　14:00~15:00　　15:00~16:00　　16:00~17:00

随机地在随机数表上找出 8 个读数（可以闭着眼睛任意用铅笔指一下），如

1:25　1:55　6:15　2:35　8:05　3:10　12:10　7:15

把读数的小时数舍去，依次把保留的分钟数加到相应的各个小时上，得到随机抽样观测时刻如下：

8:25　9:55　10:15　11:35　13:05　14:10　15:10　16:15

随机抽样法要求所观测的读数应该具有正态分布特征。这要求观测的读数数目必须足够大。当从总体中抽样时，必须根据所需要的置信度确定样本是否足够大。一般情况下，95%的置信度就能满足事故预防工作中行为抽样法的要求。

精确度是抽样法的另一特征。精确度是达到所需置信度时读数的最大误差范围。随着观测读数数目增加，误差越来越小。当置信度为95%时，可以按式(4-1)求算精确度：

$$S = 2\sqrt{\frac{1-P}{NP}} \tag{4-1}$$

式中　S——用小数表示的精确度；

　　　P——用小数表示的不安全行为的频率；

　　　N——观测次数。

在实际工作中，也可以根据规定的置信度和精确度计算所需要的观测次数：

$$N = \frac{4(1-P)}{S^2 P} \tag{4-2}$$

在行为抽样法中有±10%的精确度就可以了，即 $S = 0.1$。

4.2.2.2　不安全行为观测

调查不安全行为的方法是观测、记录工人在生产过程中的不安全行为出现的量。由于研究的目的不同，可以采取不同的方法。

（1）对某一组工人按随机选定的时刻进行观测，计算不安全行为所占的时间比例或不安全操作的次数比例。

（2）逐个观察全部从事工作的工人，确定出现不安全行为的工人的比例。

为了保证调查得到的结果满足规定的置信度和精确度的要求，正式观测之前可以进行试验观测。通过试验观测粗略地判断不安全行为出现的频率。试验观测读数数目至少为100，当100次观测中没有出现不安全行为或出现不安全行为次数过少时，应适当增加试验观测数目。即或观测失误率相当低的操作，也应该保证至少观测到一次失误。

实际调查不安全行为的步骤如下：

（1）确定观测对象、内容和方法。

（2）选择试验观测的随机抽样观测时间，规定试验观测所需要的次数。

（3）进行试验观测并求算不安全行为出现的频率（或不安全生产时间百分比）。

（4）根据试验观测结果算得的不安全行为出现的频率，按公式计算所需的观测次数。例如，在100次试验观测中，发现不安全行为23次，则 $P = 0.23$。选定置信度为95%和精确度为±10%，则所需观测的读数数目为

$$N = \frac{4(1-P)}{S^2 P} = \frac{4 \times (1-0.23)}{0.1^2 \times 0.23} = 1339$$

若每天观测8次，每次观测10次操作，则需观测17天；

（5）利用随机数表选择每日观测时间（每天的观测时间不同）。

（6）进行实际观测，做好记录，计算出现不安全行为的频率。

（7）按不同的研究目的，对观测结果做进一步的分析。

4.2.2.3 事故判定技术

事故判定技术（critical incident technique）是一种在事故发生前调查不安全行为及不安全状态的方法，其目的在于找出不安全行为及不安全状态产生的原因，在它们引起事故之前被改正。

事故判定技术的做法是，询问一组选作调查对象的"当事人-在场人"，听取他们对生产过程中出现的不安全行为和不安全状态的叙述。可以采用分层抽样的办法确定调查对象。把收集到的资料按危险程度、危险的类型、暴露于危险的次数及程度进行分类。

如前所述，发生严重伤害的次数是相当少的，严重伤害本身提供给我们的信息是有限的。我们可以利用事故判定技术，把重点放在具有高严重伤害可能性的问题上，根据"危险程度"确定调查范围及对象，确定恰当的抽样。

调查对象们很可能愿意谈那些没有引起事故的不安全行为及状态，而不愿意说出那些曾引起事故的问题。调查者应鼓励他们坦率地说出他们知道的情况，以

尽可能多地发现潜在的事故原因。

对收集到的不安全行为及不安全状态进行研究、分类后，应该采取恰当的改正措施。直接的改正措施是针对那些已经被判别了的不安全行为及状态。然后，探究那些使不安全行为及状态产生、存在的管理方面的问题，采取改善安全管理的措施。

与其他事故预防工作方法一样，应用事故判定技术不是一次性工作，而是需要不断反复应用。

事故判定技术起源于第二次世界大战中确定军用飞机事故原因的研究。最初应用这种技术调查了与使用和操纵飞机设备有关的心理学方面及人机学方面的问题。研究人员询问了许多飞行员，是否他们本人或看到他人在读仪表读数、识别信号或理解指令时发生过差错。针对调查得到的资料，对飞行员的失误进行了分类，然后分别采取了一系列改进措施以防止发生失误，从而有效地减少了事故。之后，该项技术被广泛应用于国外的安全实践中。

日本一些工业企业中开展了一项叫做"海因里希提案活动"的工作，其内容与事故判定技术的内容是一致的。从其名称可知，它是海因里希 1∶29∶300 法则的具体运用。即通过防止不安全行为及不安全状态、无伤害事故达到防止伤害之目的。

4.2.2.4　安全审核

国外企业开展的安全审核（safety audit）中，有一种调查人的不安全行为和物的不安全状态，评价企业安全状况的方法。它包括对生产现场中的不安全行为和不安全状态的观测，根据观测结果计算不安全行为（状态）指标和伤害潜势指标，以及将审核结果定量。

下面介绍两种将审核结果定量的方法，第一种方法用于非人员密集型作业；第二种方法用于人员密集型作业和可以在评审过程中观测许多人员行为的作业。

A　非人员密集型作业

把观测到的不安全行为、不安全状态件数乘以 100，再除以观测时间的分钟数。即如果一个人观测 2 小时则除以 120；如果 3 个人观测半小时，则除以$30 \times 3 = 90$。

例如，2 个人观测 1 小时，发现不安全行为和不安全状态共 15 件，则计算如下：

不安全行为（状态）指标 = $15 \times 100/120 = 12.5$

对于每件不安全行为或不安全状态要考虑其严重度潜势：

低潜势——得点×1/3

中潜势——得点×1

高潜势——得点×3

打扫卫生属于低潜势；没鞘的刀属于中潜势；不良的闭锁或有毒的化学物质泄漏属于高潜势。

例如，前例中15件不安全行为和不安全状态的潜势为：

低潜势，10（件）×1/3＝3.3

中潜势，3（件）×1＝3

高潜势，2（件）×3＝6

　总得点　　　　　12.3

于是：

$$12.3×100 / 120 = 10.25$$

B　人员密集型作业

在被观测的人员相当多（大于20）的情况下，仅观测人员的不安全行为，把不安全行为件数乘以100，再除以人员数：

不安全行为指标＝件数×100/总人数

类似地，也要把严重度潜势考虑进去。

每周由审核小组对工作过程和工作条件进行2小时的审核。审核小组由下述人员组成：

安全监督者——安技干部

操作者

机械师

第一线监督者——班组长

记录全部不安全行为或不安全状态导致伤害的潜势，审核小组对每种不安全行为和不安全状态指定得点：

高潜势＝100

中潜势＝50

低潜势＝20

按同样的标准，对各种事故、伤害、职业病的严重度潜势指定得点。

每月计算一次伤害潜势指标（IPI）：

$$IPI = 伤害潜势总得点×10^5 / 暴露小时数$$

例如，上月评审结果为：

高潜势，2件，200点

中潜势，3件，150点

低潜势，1件，20点

低潜势，7件，140点

总得点　　　　　510点

一个月内暴露小时数为237360小时。于是

$$IPI = 510 \times 10^5 / 237360 = 21.49$$

根据国外的经验，不同类型的企业其 IPI 不应该超过 15~40。

4.3 选择对策

前面已经介绍了预防事故的 3E 对策，即工程技术方面的改进、教育及强制。实际工作中，可按下述方法选择预防事故对策：

（1）根据事故原因分析找出问题之所在。

（2）一般应优先考虑工程技术改进措施。

（3）在没有发现故障或异常时，可考虑同时采取工程技术对策与教育措施。

（4）问题不明确必须深入调查研究，单靠工程技术措施或教育不能解决问题时，必须弄清促成事故的其他原因。

（5）按（2）~（4）项仍不能解决问题时，应考虑事故的根本原因，针对根本原因采取对策。

简单地讲，选择对策时首先应考虑通过技术手段根除危险；其次，与教育训练相结合；如果这样做尚不能解决问题，应考虑更高层次的训练或对策。但是，3E 原则过于概括，并且这样的选择对策方法没有考虑经济性和可行性问题。实际选择对策时，往往有若干具体方案可供选择，应选取最优的方案。这里涉及一些决策方面的知识。

4.3.1 决策技术概述

决策是做出决定的意思，在事故预防中决定对策的工作就是决策。

一般地，决策问题可以分为确定型决策、风险型决策和不确定型决策三类。确定型决策是指一种方案只能有一种确定的结果，通过比较不同方案的不同结果可以确定最优方案的决策。风险型决策和不确定型决策的场合，由于存在一些不可控制的因素，可能出现某些客观状态，使得各种方案的结果不确定，因而做出决策要承受一定的风险。当知道各种客观状态出现的概率时，问题属于风险型决策；当不知道各种客观状态出现的概率时，属于不确定型决策。

4.3.1.1 风险型决策

根据对同样的问题是否反复进行决策，风险型决策问题分为重复性决策和不重复性决策两种情况。风险型决策问题的核心是按什么标准选择方案的问题。

（1）期望值标准。在解决重复性风险型决策问题时一般采用期望值标准。根据期望值标准进行决策需要知道各种客观状态出现的概率，如果不知道客观状态出现的概率，则无法使用期望值标准。决策者通过调查研究获得各种客观状出现的概率，以概率加权平均得到的结果期望值最大的方案为最优。设共有 m 种可能出现的客观状态，其中第 i 种客观状态出现的概率为 P_i，在该状态下第 j 种方案的结果为 L_{ij}，则第 j 种方案的结果期望值为

$$\frac{1}{m} \sum_{i=1}^{m} P_i \cdot L_{ij} \tag{4-3}$$

取结果期望值最大者为最优方案

$$\max_{j=1, 2, \cdots, m} \left[\frac{1}{m} \sum_{i=1}^{m} P_i \cdot L_{ij} \right] \tag{4-4}$$

期望值标准适用于重复次数比较多的，并且每次决策不会造成致命后果的场合。事故预防决策的许多问题涉及人员的生命安全，不允许重复决策，在选用期望值标准时要非常慎重。

（2）效用标准。在解决不重复性决策问题，或决策结果的数值与对决策者的影响不成正比（决策结果可能对决策者产生严重影响）的场合，应该采用效用标准或保守标准。

所谓效用（utility），这里是指对决策的结果或决策者的愿望的满足。效用没有固定的计量单位，也没法求出它的绝对值，但是可以用相对数值进行比较，适合于处理不易直接用数值表现的决策问题。

利用效用标准进行决策时，首先求出各种方案结果的效用值，以效用值最大的方案为最优。但是应该注意，相同的决策结果对于不同的决策者，甚至同一个决策者在不同的时期，其效用可能不同。即效用标准受到决策者对风险所持态度的影响。在计算效用值时要利用效用函数，效用函数取决于决策者对风险的态度。

典型的效用函数有如下几种，不同类型效用函数对应的效用曲线如图 4-8 所示。

1）直线型效用函数。效用函数与决策结果呈线性关系（如图 4-8 中的直线 A），表明决策者对风险持中立态度。这种情况下，可以直接用期望值标准做出决策。

2）减速递增型效用函数。效用函数随着决策结果的增加递增，但是递增的速度越来越慢，效用函数呈凸曲线（如图 4-8 中的曲线 B）。在经营决策的情况下决策者为稳妥型，他们讨厌风险而偏于保守；在事故预防决策的情况下决策者为冒险型，不愿意投入。

3）加速递增型效用函数。效用函数随着决策结果的增加递增，但是递增的速度越来越快，效用函数呈凹曲线（如图 4-7 中的曲线 C）。在经营决策的情况下决策者为冒险型，喜欢做大胆尝试；在事故预防决策的情况下决策者为保守型，不愿意冒风险。

4.3.1.2　不确定型决策

在不知道客观状态出现概率的情况下，往往根据决策者的态度选择最优的方案。事故预防决策中应用的不确定型决策方法有如下几种：

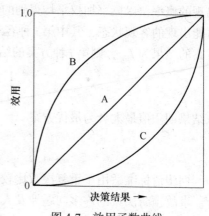

图 4-7　效用函数曲线

（1）坏中求好标准（maximin criterion）。此标准又称瓦尔德标准，其基本出发点是在各种可能出现的状态中，首先找出最坏的状态，然后研究在该状态下哪种方案的结果最好，保证在最坏的状态下也不至于造成很大损失。这是一种比较保守的标准，适用于涉及重大安全问题的决策。

（2）最大后悔中求最小标准（minimax regret criterion）。此标准又称萨维兹标准，其基本出发点是如何使决策者由于估计的偏差造成损失而产生的后悔最小。决策时首先计算各种状态下最优方案可能结果与其他方案结果的差额，即后悔量；然后选择后悔量最小的方案为最优方案。该标准不像坏中求好标准那样保守。

（3）主观概率法。这是一种以概率估计（probability assessment）为基础的决策方法。通过访问专家估计各种客观状态出现的概率，然后选择结果期望值最大的方案。该方法虽然带有主观成分，却也不是凭空捏造，在一定程度上可以反映客观情况。

4.3.2　选择优先解决的问题

企业中往往同时存在着许多可能导致伤亡事故的危险源（不安全因素），存在着许多需要解决的问题。但是，受企业实际人力、物力、财力等条件的限制，不可能同时解决所有的问题，只能按问题的轻重缓急优先解决那些急待解决的问题。

4.3.2.1　决策表

高奇（Jack Gausch）根据运筹学原理，提出了安全决策表方法。决策表由表示危险情况和表示改进措施的项目组成。前者对应于"如果……"，后者对应于"则……"。图 4-8 为决策表之一例。

决策表的使用方法是根据危险源存在的情况，首先估计其可能造成的损失和伤害程度的等级及其发生频率的大小，对于不同的损伤程度和频率，可以从决策表上半部分的两项交会栏中找出一个带阴影的方格，沿此方格垂直向下有一个与其相应的带阴影的方格，此方格所在行中指示的对策，就是应采取的对策。

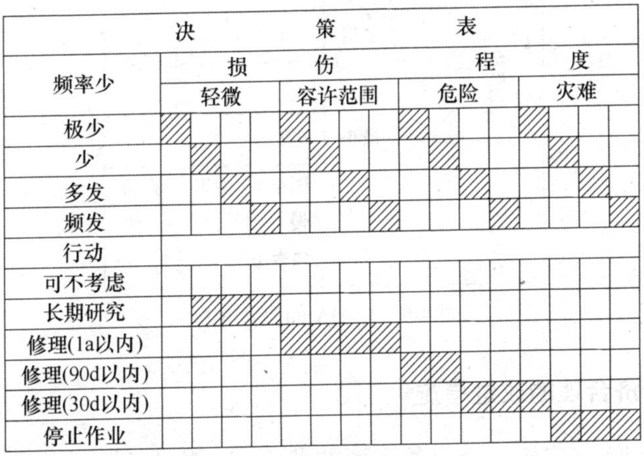

决 策 表								
频率少	损 伤		程		度			
	轻微		容许范围		危险		灾难	
极少	▨							
少		▨						
多发			▨					
频发				▨				
行动								
可不考虑								
长期研究	▨							
修理(1a以内)		▨						
修理(90d以内)			▨					
修理(30d以内)				▨				
停止作业					▨			

图 4-8　高奇的决策表

这里按事故发生频率及事故结果的严重程度进行危险分类。

（1）损伤程度。参照美军 MLL-STD-882 标准。

·轻微——没有损伤；

·容许范围内——可能防止损害发生；

·危险——发生损害；

·灾难——发生人员伤亡或系统破坏。

（2）事故频率。按无事故时间的日数进行评价。

·极少—— 3000d 以上发生 1 次事故；

·少—— 301~3000d 发生 1 次事故；

·多发—— 31~300d 发生 1 次事故；

·频发—— 30d 以内发生 1 次事故。

（3）措施。针对上述状况而应该采取措施的轻重缓急情况。

·可以进行长期研究；

·按制定的对策 1a 以内完成；

·按制定的对策 3 个月以内完成；

·按制定的对策 30d 以内完成；

·停止作业，立即修理。

4.3.2.2　决策矩阵

图 4-9 所示为美国职业安全卫生局（OSHA）推荐的决策矩阵。该决策矩阵的使用方法是，首先判断问题的危险度大小，它把危险度划分为紧迫、重大和最小 3 个等级；然后按采取措施所需时间、投资多少和实施的难易程度找出解决问题的优先顺序。

图 4-9　OSHA 的决策矩阵

4.3.3　选择经济合理的改进措施

采取改进措施，实施安全对策需要花费人力、物力和财力，即需要一定的投入。从企业经营的角度，一定的投入应该获得最大的效益。当解决同一问题有多种改进措施方案可供选择时，应该选择投入少、收益大的方案。关于这个问题，将在后面的技术经济分析中详细介绍。这里仅以费恩（W. Fine）和金尼（G. F. Kinney）的费用-效果分析诺模图和高奇的价值工程法为例做简单介绍。

4.3.3.1　费用-效果分析

费恩和金尼在以打分法评价作业危险性的基础上，提出了图 4-10 所示的费用-效果分析诺模图。

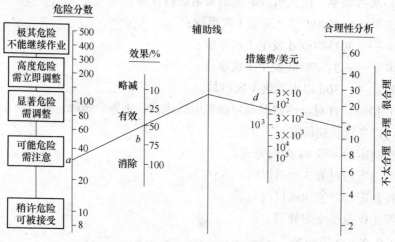

图 4-10　费用-效果分析诺模图

在利用打分法得到了某项生产作业的危险性分数后，选择若干可行的改进措施，估计各种改进措施需要的费用，并预测实施后可能取得的效果。这里用金额数（美元）来表示费用；用采取措施后降低危险性的百分数来度量各种措施的效果。设改进措施的效果值最高为 100%，最低为 0，则 100%代表可以完全根除危险性，0 代表措施完全无效。他们认为，生产作业条件越危险，改进措施越有效，需要的费用越低，对策越合理。

4.3.3.2　价值工程

高奇提出的第二种安全决策方法叫做价值工程（value　engineering）法。简单地说，价值工程就是以最低的成本获得所要求的性能。该方法的特点在于不需要高深的理论和复杂的计算，并且同时考虑许多因素而达到综合的安全。表 4-2 为效用表的例子，其中包含了许多因素：费用、安全性、道德性及社会性。

表 4-2　效用表

效用	费用			安全性	道德性		社会性	
	资本金	维修费	生产费		作业者	监督者	环境	美感
权重								
方案 1								
方案 2								
⋮								
方案 n								

4.4　安全措施的经济性评价

事故一旦发生，往往造成人员伤亡或设备、装置、构筑物等的破坏。这一方面会给企业带来许多不良的社会影响，另一方面也给企业带来巨大的经济损失。为了避免或减少工业事故的发生，及其造成的社会的、经济的损失，企业必须采取一些切实可行的安全措施，提高系统的安全性。但是，采取安全措施需要花费人力和物力，即需要一定的安全投入。在按照某种安全措施方案进行安全投入的情况下，能够取得怎样的效益，该安全措施方案是否经济合理，是安全经济评价的主要内容。

4.4.1　伤亡事故的经济损失

因事故造成的物质破坏而带来的经济损失很容易计算出来，而弄清人员伤亡带来的经济损失却是件十分困难的事情。为此，人们进行了大量的研究，寻求一种方便、准确的经济损失计算方法。值得注意的是，所有的伤亡事故经济损失计算方法都是以实际统计资料为基础的。

4.4.1.1　伤亡事故直接经济损失与间接经济损失

一起伤亡事故发生后，给企业带来多方面的经济损失。一般地，伤亡事故的经济损失包括直接经济损失和间接经济损失两部分。其中，直接经济损失很容易直接统计出来，而间接经济损失比较隐蔽，不容易直接由财务账面上看到。国内外对伤亡事故的直接经济损失和间接经济损失做了不同规定。

A　国外对伤亡事故直接经济损失和间接经济损失的划分

在国外，特别在西方国家，伤害的赔偿主要由保险公司承担。于是，把由保险公司支付的费用定义为直接经济损失，而把其他由企业承担的经济损失定义为间接经济损失。

美国的海因里希规定，伤亡事故的间接经济损失包括以下内容：

（1）受伤害者的时间损失；

（2）其他人员由于好奇、同情、救助等引起的时间损失；

（3）工长、监督人员和其他管理人员的时间损失；

（4）医疗救护人员等不由保险公司支付酬金人员的时间损失；

（5）机械设备、工具、材料及其他财产损失；

（6）生产受到事故的影响而不能按期交货的罚金等损失；

（7）按职工福利制度所支付的经费；

（8）负伤者返回岗位后，由于工作能力降低而造成的工作损失，以及照付原工资的损失；

（9）由于事故引起人员心理紧张，或情绪低落而诱发其他事故造成的损失；

（10）即使负伤者停工也要支付的照明、取暖费等每人平均费用的损失。

其后，美国的西蒙兹（R. H. Simonds）规定，伤亡事故间接经济损失包含的项目如下：

（1）非负伤者由于中止作业而引起的工作损失；

（2）修理、拆除被损坏的设备、材料的费用；

（3）受伤害者停止工作造成的生产损失；

（4）加班劳动的费用；

（5）监督人员的工资；

（6）受伤害者返回工作岗位后，生产减少造成的损失；

（7）补充新工人的教育、训练费用；

（8）企业负担的医疗费用；

（9）为进行事故调查，付给监督人员和有关工人的费用；

（10）其他损失。

B　我国对伤亡事故直接经济损失和间接经济损失的划分

1987年，我国开始执行国家标准《企业职工伤亡事故经济损失统计标准》（GB 6721—86）。该标准把因事故造成人身伤亡及善后处理所支出的费用，以及被毁坏的财产的价值规定为直接经济损失；把因事故导致的产值减少、资源的破坏和受事故影响造成的其他损失规定为间接经济损失。

a 伤亡事故直接经济损失

伤亡事故直接经济损失包括以下内容：

（1）人身伤亡后支出费用，其中包括医疗费用（含护理费用）、丧葬及抚恤费用、补助及救济费用、歇工工资；

（2）善后处理费用，其中包括处理事故的事务性费用、现场抢救费用、清理现场费用、事故罚款及赔偿费用；

（3）财产损失价值，其中包括固定资产损失价值、流动资产损失价值。

b 伤亡事故间接经济损失

伤亡事故间接经济损失包括以下内容：

（1）停产、减产损失价值；

（2）工作损失价值；

（3）资源损失价值；

（4）处理环境污染的费用；

（5）补充新职工的培训费用；

（6）其他费用。

其中，工作损失可以按式（4-5）计算：

$$L = D\frac{M}{SD_0} \tag{4-5}$$

式中　L——工作损失价值，万元；

　　　D——损失工作日数，d；

　　　M——企业上年的利税，万元；

　　　S——企业上年平均职工人数，人；

　　　D_0——企业上年法定工作日数，d。

国家标准就其他项目的统计方法也做了明确规定。

C 伤亡事故直接经济损失与间接经济损失的比例

如前面所述，伤亡事故间接经济损失很难被直接统计出来，于是人们就尝试如何由伤亡事故直接经济损失来算出间接经济损失，进而估计伤亡事故的总经济损失。

海因里希最早进行了这方面的工作。他通过对 5000 余起伤亡事故经济损失的统计分析，得出直接经济损失与间接经济损失的比例为 1∶4 的结论。即伤亡事故的总经济损失为直接经济损失的 5 倍。这一结论至今仍被国际劳工组织（ILO）所采用，作为估算各国伤亡事故经济损失的依据。

如果把伤亡事故经济损失看作一座浮在海面上的冰山，则直接经济损失相当于冰山露出水面的部分，占总经济损失 4/5 的间接经济损失相当于冰山的水下部分，不容易被人们发现。

继海因里希的研究之后，许多国家的学者探讨了这一问题。人们普遍认为，由于生产条件、经济状况和管理水平等方面的差异，伤亡事故直接经济损失与间接经济损失的比例在较大的范围之内变化。例如，芬兰国家安全委员会 1982 年公布的数字为 1∶1；英国的雷欧普尔德（Leopold）等对建筑业伤亡事故经济损失进行调查，得到的比例为 5∶1。博德在分析 20 世纪七八十年代美国伤亡事故直接经济损失与间接损失时，得到如图 4-11 所示的冰山图。由该图可以看出，间接经济损失最高可达直接经济损失的 50 多倍。

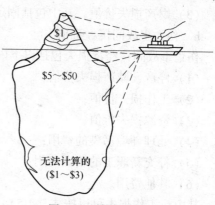

$1

$5～$50

无法计算的
（$1～$3）

图 4-11 博德的冰山图

由于国内外对伤亡事故直接经济损失和间接经济损失划分不同，直接经济损失与间接经济损失的比例也不同。我国规定的直接经济损失项目中，包含了一些在国外属于间接经济损失的内容。一般来说，我国的伤亡事故直接经济损失所占的比例应该较国外大。根据对少数企业伤亡事故经济损失资料的统计，直接经济损失与间接经济损失的比例为 1∶1.2～1∶2 之间。

4.4.1.2 伤亡事故经济损失计算方法

伤亡事故经济损失 C_T 可由直接经济损失与间接经济损失之和求出，即

$$C_T = C_D + C_I \tag{4-6}$$

式中 C_D ——直接经济损失；

C_I ——间接经济损失。

由于间接经济损失的许多项目很难得到准确的统计结果，所以人们必须探索一种实际可行的伤亡事故经济损失计算方法。这里介绍几种比较典型的计算方法。

A 海因里希算法

海因里希通过对事故资料的统计分析，得出伤亡事故间接经济损失是直接经济损失的 4 倍的结论。进而，他提出伤亡事故经济损失的计算公式为

$$C_T = C_D + C_I = 5C_D \tag{4-7}$$

于是，只要知道了直接经济损失，则很容易算出总经济损失。

如前所述，不同国家、不同地区、不同企业，甚至同一企业内事故严重程度不同时，其伤亡事故直接经济损失与间接经济损失的比例是不同的。因而，这种计算方法主要用于宏观地估算一个国家或地区的伤亡事故经济损失。

B　西蒙兹算法

西蒙兹把死亡事故和永久性全失能伤害事故的经济损失单独计算。然后，把其他的事故划分为 4 级：

（1）暂时性全失能和永久性部分失能伤害事故；

（2）暂时性部分失能和需要到企业外就医的伤害事故；

（3）在企业内治疗的、损失工作时间在 8h 之内的伤害的事故，以及与之相当的 20 美元以内的物质损失事故；

（4）相当于损失工作时间 8h 以上价值的物质损失事故。

根据实际数据统计出各级事故的平均间接经济损失后，可按式（4-8）计算各级事故的总经济损失：

$$C_T = C_D + C_I = C_D + \sum_{i=1}^{4} N_i C_i \tag{4-8}$$

式中　N_i——第 i 级事故发生的次数；

$\quad\quad C_i$——第 i 级事故的平均间接经济损失。

由于该算法按不同级别事故发生次数、平均间接经济损失来考虑，其计算结果较海因里希算法的结果准确，因而在美国被广泛采用。

C　辛克莱算法

该计算方法与西蒙兹算法类似，其不同之处主要在于辛克莱（Sinclair）把伤亡事故划分为死亡、严重伤害和其他伤害事故三级。首先，计算出每级事故的直接经济损失和间接经济损失的平均值，然后，按各级事故发生频率和事故平均经济损失计算每起事故的平均经济损失：

$$\overline{C}_T = P_i(\overline{C}_D + \overline{C}_I) \tag{4-9}$$

式中　$\overline{C}_T$——每起事故的平均经济损失；

$\quad\quad P_i$——第 i 级事故的发生频率；

$\quad\quad \overline{C}_D$——第 i 级事故的平均直接经济损失；

$\quad\quad \overline{C}_I$——第 i 级事故的平均间接经济损失。

于是，N 次事故造成的总经济损失为

$$C_T = N \cdot \overline{C}_T \tag{4-10}$$

D　斯奇巴算法

斯奇巴提出了一种简捷、快速的伤亡事故经济损失计算方法。他把经济损失划分为固定经济损失和可变经济损失两部分，分别计算各部分损失的基本损失后，以修正系数的形式考虑其余的损失。该方法的计算公式如下：

$$C_T = C_F + C_V \tag{4-11}$$

式中 C_F ——固定经济损失；

   C_V ——可变经济损失。

其中，固定经济损失为

$$C_F = aC_S \tag{4-12}$$

式中 C_S ——伤亡事故保险费；

   a ——考虑预防事故的固定费用的修正系数，一般取 $a = 1.1 \sim 1.5$。

可变经济损失按式（4-13）计算：

$$C_V = b \cdot N \cdot D \cdot S \tag{4-13}$$

式中 N ——伤亡事故次数；

   D ——每起事故平均损失工作日数；

   S ——平均日工资（包括各种补助费）；

   b ——考虑企业具体情况的修正系数，一般地，$b = 1.2 \sim 3.0$。

该计算方法省去了大量的统计工作，但是计算结果可能与实际情况差别较大。

E 直接计算法

该计算方法以保险公司提供的保险等待期为标准，把伤亡事故划分为三级：

（1）受伤害者能够在发生事故当天恢复工作的伤害事故；

（2）受伤害者丧失工作能力的时间少于或等于保险等待期的伤亡事故；

（3）受伤害者丧失工作能力的时间超过保险等待期的伤害事故。

每一级伤害事故的经济损失可按式（4-14）计算

$$C_i = C_p + C_s + C_o + C_m + C_b \tag{4-14}$$

式中 C_i ——第 i 级伤害事故的经济损失；

   C_p ——用于防止伤害事故的投资，包括固定投资、可变投资及额外投资三部分；

   C_s ——职业伤害的保险费，包括固定保险费和可变保险费两部分；

   C_o ——事务性费用；

   C_m ——材料损失费用；

   C_b ——因停、减产造成的损失。

其中，在企业没有多余人员、满负荷生产的情况下，停、减产造成的损失按式（4-15）计算：

$$C_b = B \cdot L \cdot r \tag{4-15}$$

式中 B ——按生产计划预计的单位产量净效益；

   L ——由于伤亡事故造成的工作时间损失；

   r ——正常生产条件下的全员劳动生产率。

于是，伤亡事故经济损失等于各级伤亡事故经济损失之和，为

$$C_\mathrm{T} = \sum N_i \cdot C_i \qquad\qquad (4\text{-}16)$$

式中　　N_i——第 i 级伤害事故发生次数；

　　　　C_i——第 i 级伤害事故经济损失。

4.4.2　安全经济问题

在工业经济活动中，需要消耗一定的劳动（包括活劳动和物化劳动），也需要占用一定的劳动（包括劳动力和物化劳动）。在经济学研究中，把这种劳动消耗和劳动占用叫做"投入"；把通过一定的投入取得的生产经营效果称为"产出"。在商品经济条件下，工业经济活动中的劳动消耗和劳动占用，是以资金的耗费和占用的货币形式来表现的。通常，用费用表示投入；用收益表示产出；把费用与收益的价值形态的比较称作经济效益。

经济效益有两种定义。一种是把它定义为收益与费用之比：

效益＝收益÷费用

另一种是把它定义为收益与费用之差：

效益＝收益－费用

这里采用后一种定义，即效益等于收益与费用之差，又称净效益。

4.4.2.1　关于安全投入

安全投入是为控制生产过程中的危险源，消除事故隐患，创造安全生产条件而投入的人力、物力、财力。

企业的生产工艺状况中蕴含的危险性决定了企业的基本安全水平。因此，系统安全强调采用先进设计，选用先进技术、设备、工艺、原材料来提高系统的安全性。我国在新建、改建、扩建工程项目时实行"三同时"审查，以保证工程项目的基本安全水平。安全管理是企业管理的一个组成部分，它与其他方面的管理密不可分。企业的安全水平不仅仅取决于企业的安全管理水平，而且取决于企业的整体管理水平。所以，我国的企业实行"党、政、工、青齐抓共管"安全生产。总之，企业的安全性是整个企业技术、管理水平的综合反映。

企业的安全状况取决于生产工艺、设备、原材料的安全程度，人员的素质，综合管理水平等许多因素，而这些因素的改善需要相应地投入。一般来说，企业的一项投入可能产生多方面的产出，其中包括安全方面的产出。相应地，企业里的许多产生安全产出的投入都可以被看作安全投入。

可以把企业的投入划分为两类，即以增加生产为主要目的的生产性投入和以提高安全水平为主要目的的安全性投入。在企业生产经营活动中，生产性投入占企业投入的主要部分，它除了产生生产方面的产出之外还会产生安全方面的产

出，并且它往往决定企业的基本安全程度；安全性投入是为消除和控制生产过程中的不安全因素而专门采取安全措施的投入，如安装安全防护装置、安全教育和训练的投入等。安全性投入除了产生安全方面的产出外也会带来生产方面的产出。在实际工作中，有时很难区分某一项投入是生产性投入还是安全性投入。

4.4.2.2　安全投入的产出

安全投入会带来产出。安全投入至少带来生产和安全两方面的产出。安全方面的产出其直接体现是避免、减少各种伤亡事故。它可以带来社会和经济两方面的效益：

·社会效益。保障职工的生命健康，树立企业形象，维持社会稳定。

·经济效益。避免或减少事故造成的直接经济损失和间接经济损失。

生产方面的产出其直接体现是带来生产的增加。生产方面的产出主要带来经济效益，其社会效益表现在为社会创造物质财富，满足人们的物质文化需求。

以提高安全水平为主要目的的安全性投入，不仅带来安全方面的产出，也会带来生产方面的产出。值得注意的是，安全性投入在生产方面的产出可能是正的也可能是负的。例如，人员佩戴了某种防护用品后因行动不方便而降低工作效率。

4.4.2.3　安全投入的多目标评价

安全投入产出评价是个多目标的问题，即在评价或决策一个项目的安全投入产出时，至少要考虑其是否达到经济效益和社会效益两类目标。

安全投入的经济效益往往以货币价值为单位，而社会效益往往不能以货币价值来度量。在这种情况下，需要采用效用尺度。效用是指对评价者、决策者的要求或愿望的满足，效用是一种无量纲尺度、相对尺度。

一般来说，一个项目的评价目标可以是理想目标，即目标函数可以表达为

$$\max[f(X)] \quad 或 \quad \min[f(X)]$$

也可以是现实目标，其目标函数为

$$f(X) \leqslant b, \quad f(X) = b \quad 或 \quad f(X) \geqslant b$$

在进行安全投入产出评价时，由于必须重视安全问题的社会属性，所以社会效益方面的目标需要采用现实目标。现实目标的目标值必须符合国家有关法规、政策的规定。

安全投入的多目标评价须利于多目标方法，涉及一些比较复杂的问题。这里仅从经济效益的角度讨论安全措施的经济性评价。

4.4.3　最优安全投资

为了讨论问题方便，把为了提高系统安全性而采取安全措施所花费的费用称为安全投资。安全投资在产生社会效益的同时会带来相应的经济效益，这种经济

效益表现为减少事故造成的经济损失。由于安全投资产生的经济效益不像生产投资产生的经济效益那样显而易见，是一种隐性经济效益，所以容易被人们忽略。

从经济学的角度，人们应该把有限的人力、物力合理地投入，最大限度地发挥安全投资的作用，减少事故经济损失，提高企业的经济效益。所谓最优安全投资，是指在一定条件下以最少的资金投入取得最大的经济效益。确定最优安全投资的原则主要有以下两种。

4.4.3.1 安全投资的效益最大

这一原则的出发点是，安全投资的基本经济目的是使其效益最大。图 4-12 为投资-收益曲线示意图。

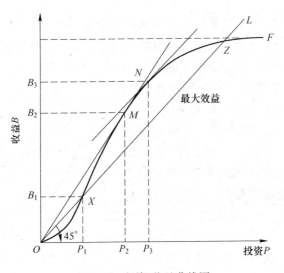

图 4-12　投资-收益曲线图

图 4-12 中的 S 形曲线 OF 代表典型的投资-收益函数，对应于某一安全投资值，有其相应的经济收益值。图中直线 OL 与横坐标轴呈 45°角，表示投资与收益相等，效益为零的情况。下面以直线 OL 为基准，考察投资-收益曲线 OF。直线 OL 与曲线 OF 相交于 X 和 Z 两点，由此投资-收益曲线被分割为 3 段：

（1）曲线的 OX 段位于直线 OL 的下方，表明此时的效益小于投资，即经济效益为负值。这种情况发生在基础安全投资数额较小，安全状况没有多少改善，尚没有产生经济效益的场合。

（2）曲线的 ZF 段位于直线 OL 的下方，表明安全投资达到一定程度后，再继续增加投资已经不能使系统的安全性得到明显的提高，呈现出负的效益。

（3）曲线的 XZ 段位于直线 OL 的上侧，表明相应的安全投资可以取得正的效益。

过原点 O 做 XZ 段曲线的切线，得切点 M。与点 M 对应的收益 B_2 与投资

P_2 的比值最大，即单位安全投资所获的收益最大。但是，P_2 并不是最优安全投资。

平行于直线 *OL* 做 *XZ* 段曲线的切线，得切点 *N*。与点 *N* 相对应的安全投资 P_3 的边际效益（即增加一个单位的安全投资获得的效益增量）最大，此时有最大效益。因此，P_3 为最优安全投资。自与点 *X* 对应的投资 P_1 到最优安全投资 P_3 的区间，称做最优安全投资区间。在最优安全投资区间内，投资边际效益为正值，投资越多，取得的效益越显著。

以上讨论的是典型投资-收益曲线的情况。实际上，许多投资-收益曲线为幂函数曲线。这种情况下，曲线被直线 *OL* 分割成两段，交点 *Z* 被称做盈亏平衡点。

4.4.3.2 安全投资与事故经济损失的总和最小

这一原则是从企业的整体经济效益最大出发，要求安全投资与事故经济损失的总和最小，即安全方面的总费用最小。

图 4-13 为安全费用与系统安全度之间关系的示意图。为了提高系统安全度 *S*，需要增加安全投资 *P*；随着系统安全度的增加，事故经济损失 *C* 减少。安全费用首先随系统安全度的提高而逐渐减少，达到某最小值后，随系统安全度的提高而逐渐增加。对应于安全费用最小值点 *M* 的安全投资 *P* 为最优安全投资。

下面讨论安全投资不是最优安全投资的情况。

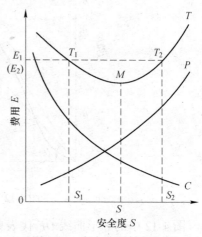

图 4-13　安全费用与安全度

在安全费用曲线最低点 *M* 两侧各取一点 T_1 和 T_2，使它们对应的总费用相等，即 $E_1 = E_2$。在这种情况下，与点 T_1 对应的安全投资少，系统安全度较小，事故经济损失较多；与点 T_2 对应的安全投资多，系统安全度高，相应的事故经济损失较少。尽管两者总费用相等，却由于增加安全投资会减少事故损失，增加社会效益，所以在进行安全投资决策时，如果不能实现最优安全投资，则应选择大于最优安全投资的投资方案。

4.4.4　技术经济分析与评价

为了判定一项安全措施的经济合理性，或者从若干可行的安全措施方案中选择经济合理的方案，需要进行技术经济分析与评价。实际工作中有两类问题需要进行技术经济分析与评价。一类问题是对某一特定的安全措施方案的经济分析，确定其经济效益指标的绝对值，评价其经济合理性；另一类问题是对两种或两种以上安全措施方案的经济分析，确定其经济效益指标的相对值，进行比较选优。对于后一类问题，一般有3种评价方式：

（1）在收益相同的条件下，比较各种方案所需费用的多少。

（2）在费用相同的条件下，比较各种方案所获得收益的高低。

（3）在费用和收益都相对变化的条件下，比较费用与收益的比率。

根据是否考虑投入产出的时间因素，技术经济分析与评价方法有静态评价法和动态评价法两类。前者具有简单、方便的优点，适用于评价方案实施期间短、收益快、可忽略时间因素影响的情况；后者要考虑资金的时间价值，适用于评价服务期间长、获益慢的方案。

常用的技术经济分析与评价方法有费用-收益比法、净现值法、内部收益率法及投资回收期法等方法。这里主要介绍费用-收益比法。

费用-收益比法是以单位安全投资获得收益多少来评价安全措施方案的方法，多用于两种以上安全措施方案的比较选优。下面举例说明费用-收益比法在安全措施选优方面的应用。某厂曾发生多起磨床工作产生的磨屑伤眼事故，现在打算采取恰当措施防止伤害事故的发生。根据事故调查，受伤害者除了工作时没有佩戴防护镜的操作者外，还有进入磨屑飞散的危险区域的其他人员，特别是在附近机器上作业的工人，他们与该磨床操作者共用一套工具。磨屑伤眼事故原因分析故障树，如图4-14所示。

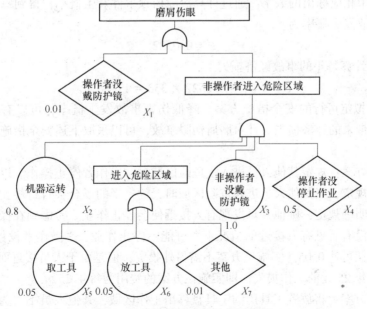

图 4-14 磨屑伤眼事故分析故障树

（1）计算伤害事故经济损失期望值。根据事故记录，过去曾经发生10起这样的伤害事故。其中，7起为轻微伤害，2起为暂时性失能伤害，1起为永久性部分失能伤害。这些伤害事故除了给受伤害者带来痛苦之外，也给工厂带来许多经济损失。表4-3列出了不同等级的伤害事故的平均经济损失。

表4-3   不同等级伤害事故的平均经济损失

伤害事故等级	伤害严重度	发生频率	经济损失
1	轻微伤害	0.7	20
2	暂时性失能伤害	0.2	345
3	永久部分失能伤害	0.1	2500

参考辛克莱算法，每起伤害事故的经济损失期望值可以按式（4-17）计算：

$$C_{\mathrm{T}} = \sum_{i=1}^{3} P_i C_i \tag{4-17}$$

式中 P_i ——第 i 级伤害事故发生频率；

C_i ——第 i 级伤害事故平均经济损失。

将表4-3中的数字代入式（4-17）：

$$C_{\mathrm{T}} = 0.7 \times 20 + 0.2 \times 345 + 0.1 \times 2500 = 333 \ 元$$

即，每起伤害事故的经济损失为333元。

（2）预测伤害事故发生概率。图4-15的故障树，其各基本事件每年出现的概率如图中相应标出的数字。通过计算故障树顶事件发生概率，得到每年发生磨屑伤眼事故发生概率为

$$P = 0.0522$$

（3）计算每年的事故经济损失

$$C = PC_{\mathrm{T}} = 0.0522 \times 333 = 17.38 \ 元$$

（4）拟定可行的安全措施方案。降低伤害事故发生概率，可以有效地减少伤害事故带来的经济损失。针对磨屑伤眼事故，可以采取下述安全措施防止伤害事故发生。

第1方案：规定其他人员进入主危险区域时，操作者停止操作。以前因为没有明确的规定，当其他人员进入危险区域时，约一半的场合会自行停止作业。如果做出了明确规定，则他一旦发现有人接近便会停止作业。考虑到在操作的关键时刻，或没有看见有人接近的情况下，可能不停止作业，"操作者没停止作业"的概率仍然可达0.05。实施该方案不需另外投资，但是由于人员接近而停止作业会带来每年25元的工作损失。即实施该方案的费用为每年25元。

第2方案：将放置工具用的工具盘移出工作区域，其他人员不再为取、送工具而进入危险区域。即，使图4-15的故障树的基本事件 X_5、X_6 的发生概率为零。

由于这些工具主要供该操作工使用，所以把工具盘移远后会影响生产效率。该方案的费用为每年15元的工作损失。

第3方案：同时实施上述两方案。该方案的费用为每年30元，这是因为进入危险区域的人员减少，工作损失小于前两方案工作损失之和。

各种安全措施方案及其效果列于表4-4。

表4-4 安全措施方案及其效果

方案	安 全 措 施	费用/元·a^{-1}	事故发生概率	损失/元·a^{-1}
1	规定其他人员进入危险区域时停止操作	25	0.0142	4.34
2	将工具盘移出工作区域	15	0.0140	4.65
3	方案1和2	30	0.0140	3.46

（5）费用-收益比评价。

根据各方案的费用和收益计算出费用-收益比，列于表4-5中。按照费用-收益比低者为优的原则，第2方案的经济性最好。

表4-5 各种方案的费用-收益比

方案	费用/元·a^{-1}	改进前损失/元·a^{-1}	改进后损失/元·a^{-1}	收益/元·a^{-1}	费用-收益比
1	25	17.38	4.37	13.01	1.92
2	15	17.38	4.65	12.73	1.18
3	30	17.38	3.46	13.92	2.16

这里对各方案的评价是按其经济性进行的。实际上，往往其社会效益较其经济效益更重要，因此应该对各种方案进行综合评价。在进行安全投资的综合效益评价时，可以用"效用"来代替经济收益。

4.4.5 动态经济分析与评价

在进行动态技术经济评价时，涉及资金的时间价值问题。

资金具有时间价值，是指等额资金在不同的时间具有不同的价值。其实质是，资金参加到生产与流通过程中，代表一定物化劳动的资金与生产和流通中的劳动力相结合，使资金发生了增值。由于资金具有时间价值，所以一定量的资金必须赋予相应的时间，才能确切地表示其价值。一般来说，安全投入及其经济效益发生在不同的时间上，在进行安全经济评价时，必须把不同时间发生的资金放在相同的时间点比较，即把不同时间发生的资金折算为某一基准时间点的价值进行评价。

在经济分析中，把单位资金经济单位计算期（通常为年）的增值称为收益率。这同如把货币存在银行中获得的利率。发生或折算为某一特定时间序列起点的资金称为现值；发生或折算为某一特定时间序列终点的资金称为终值。在进行安全经济评价时，可以按下列的公式计算资金的时间价值：

（1）一次支付终值。现值为 P 的资金，折算到 n 年末的终值 F 为：

$$F = P(1 + i)^n \tag{4-18}$$

式中　i——收益率。

（2）一次支付现值。n 年末终值为 F 的资金，折算的现值 P 为：

$$P = F\frac{1}{(1 + i)^n} \tag{4-19}$$

（3）等额序列终值。在特定的时间序列的各计算期末发生的等额资金，构成等额序列。其折算到 n 年末的终值 F 为：

$$F = A\frac{(1 + i)^n - 1}{i} \tag{4-20}$$

式中　A——等额年金。

（4）等额序列积累基金。又称等额序列偿债基金。为了在 n 年末获得终值 F 的资金，在特定时间序列的各计算期末必须投入的等额资金 A 为：

$$A = F\frac{i}{(1 + i)^n - 1} \tag{4-21}$$

（5）等额序列现值。在特定时间序列的各计算期末发生的等额资金 A，折算到时间序列起点的现值 P 为：

$$P = A\frac{(1 + i)^n - 1}{i(1 + i)^n} \tag{4-22}$$

（6）等额资金回收。现值为 P 的资金在各计算期末回收的等额资金 A 为：

$$A = P\frac{i(1 + i)^n}{(1 + i)^n - 1} \tag{4-23}$$

常用的动态经济分析与评价方法有净现值法、内部收益率法、投资回收期法及费用-收益比等方法。

4.4.5.1　净现值法

这是一种根据效益评价方案优劣的方法，它把安全措施方案所需的费用及其产生的收益，都按照一定的收益率折算为现值来比较、评价。净现值 NPV 可按式（4-24）计算：

$$NPV = \sum_{j=0}^{n} \frac{B_j - C_j}{(1 + i)^j} \tag{4-24}$$

式中　n——安全措施的服务期限，a；

　　　j——计算期序号，$j = 1, 2, 3, \cdots, n$；

i ——收益率；

B_j ——第 j 计算期末的收益；

C_j ——第 j 计算期末的费用。

在进行多方案比较时，以净现值大者为优。按该方法评价时，评价结果受收益率的影响较大。当收益率低时，有利于收益快的方案；当收益率高时，有利于收益期长的方案。

例如，某企业年事故损失 1 万元，采取某种安全措施需投入资金 1.2 万元，预计可将年事故损失降至 0.7 万元。若措施的服务期限为 10a，收益率为 16%，可以计算其净现值如下：

10 年间因减少事故损失所得收益的现值为：

$$P = (1 - 0.7) \times \frac{(1 + 0.16)^{10} - 1}{0.16 \times (1 + 0.16)^{10}} = 1.449 \ 万元$$

净现值为

$$NPV = 1.449 - 1.2 = 0.249 \ 万元$$

4.4.5.2　内部收益率法

内部收益率法是通过计算安全措施方案的内部收益率，并与基准收益率相比较的经济评价方法。所谓内部收益率，是指各计算期内收益现值与费用现值之差累计等于零时的收益率。即：

$$NPV = \sum_{j=0}^{n} \frac{B_j - C_j}{(1 + i)^j} = 0 \tag{4-25}$$

式中符号意义同前。

由于从该式不能导出内部收益率 i 的解析式，一般采用试算内插法求解。首先，通过试算求出一个能使净现值大于零而接近于零的收益率 i_1，和一个能使净现值小于零而接近于零的收益率 i_2，然后，按式（4-26）计算内部收益率 IRR：

$$IRR = i = i_1 + \frac{NPV_1(i_2 - i_1)}{NPV_1 + |NPV_2|} \tag{4-26}$$

式中　i_1 ——使净现值为正的收益率；

i_2 ——使净现值为负的收益率；

NPV_1 ——收益率为 i_1 时的净现值；

NPV_2 ——收益率为 i_2 时的净现值，$NPV_2 < 0$。

在评价某种安全措施方案的经济性时，若内部收益率不小于事先规定的基准收益率，则方案可被接受。在进行两种以上的安全措施方案比较时，以内部收益率大者为优。

例如，某项安全措施初期投资 50 万元，预计 10 年内每年可得效益 1 万元，10 年后的残值为 70 万元。设基准收益率为 10%，则按前面的公式：

$$NPV = 1 \times \frac{(1 + i)^{10} - 1}{i(1 + i)^{10}} + 70 \times \frac{1}{(1 + i)^{10}} - 50 = 0$$

按 $i = 5\%$ 试算，则 $NPV = 0.70$；按 $i = 6\%$ 试算，则 $NPV = -3.55\%$。于是，计算的内部收益率为：

$$IRR = 0.55 + \frac{0.70 \times (0.06 - 0.05)}{0.70 + 3.55} = 0.5516$$

由于此时的内部收益率 5.17% 小于基准收益率 10%，说明该方案在经济上不合理。

4.4.5.3 投资回收期法

投资回收期法是按安全措施方案投资回收期长短来评价方案优劣的方法。所谓投资回收期，是指方案实施后收益抵偿全部投资所需的时间。

设一次性投入资金 K，年收益为 B，则投资回收期为年均投资等于年收益时所对应的年数，即：

$$K\frac{(1 + i)^{\tau}i}{(1 + i)^{\tau} - 1} = B \tag{4-27}$$

式中　τ——投资回收期，a。

把该式变换后得：

$$(1 + i)^{\tau} = \frac{B}{B - iK} \tag{4-28}$$

两端取对数，则：

$$\tau = \frac{\lg B - \lg(B - iK)}{\lg(1 + i)} \tag{4-29}$$

如果被评价的安全措施方案的投资回收期不大于预定的投资回收期，则方案可被接受。在进行两种以上安全措施方案经济评价时，以投资回收期短者为优。

4.5 作业现场的安全管理

作业现场的安全管理可以概括为对人的安全管理和对物的安全管理两个方面的问题。对人的安全管理包括：

（1）制定安全操作规程及作业标准，规范人的行为，促使人员安全而高效地进行操作。

（2）为了使人员自觉地遵守安全操作规程及作业标准，必须经常不断地对人员进行教育和训练。

对物的安全管理包括：

（1）生产设备的设计、制造、安装应该符合有关的技术规范和安全规程的要求，其必要的安全防护装置应该齐全、可靠。

（2）经常进行检查和维修保养，使设备处于完好状态，防止由于磨损、老化、疲劳、腐蚀等原因降低设备的安全性。

（3）消除生产作业场所中的不安全因素，创造安全的生产作业条件。

4.5.1　作业标准化

根据对人的不安全行为产生原因的调查，下列 3 种原因在不安全行为产生原因中占有相当的比例：

（1）不知道正确的操作方法。

（2）虽然知道正确的操作方法，却为了快点干完而省略了一些必要的步骤。

（3）按自己的习惯操作。

为了克服这些问题，必须认真推行标准化作业，按科学的作业标准来规范人的行为。

作业标准与安全操作规程不同。安全操作规程只规定了人们应该做什么和不该做什么；作业标准则具体规定了应该怎样做，怎样做得更好。按照作业标准操作，就能保证安全、省力、高效、优质地完成生产任务。

为了推广标准化作业，科学、合理地制定作业标准非常重要。应该由工程技术人员、工人共同研究、反复实践后确定作业标准。好的作业标准，至少应该满足下述要求：

（1）应该明确规定操作步骤、程序。例如，关于人力运搬作业，不是简单地规定"运搬过程中不要把东西掉了"，而是具体地规定怎样搬、搬到什么地方。

（2）不应给操作者增加精神负担。例如，对操作者的熟练技能或注意力的要求不能过高，操作尽可能简单化、专业化，尽量减少使用夹具或工具的次数，采用自动送料装置等。

（3）符合现场实际情况。由于生产实际情况千变万化，通用的作业标准往往很难获得效果，所以应该针对具体情况制定切合实际的作业标准。

在制定作业标准时，首先把作业分解为单元动作，对各单元动作逐一设计，然后将其相互衔接。一般地，制定的作业标准要考虑到人员身体的运动、作业场地的布置，以及使用的设备、工具等符合人机学要求。

（1）身体的运动：

1）避免不自然的姿势或身体重心经常上下移动；

2）动作符合自然节奏并具有连贯性；

3）运动方向不要急剧变化；

4）动作自由不受限制；

5）可以不用手和眼时尽量不用手和眼；

6）两手有目的地动作，并且两手的动作尽可能小；

7）尽量借助物的力量。

（2）作业场地布置：

1）工具、材料放在取用方便的固定位置；

2）把机械的操作部分安排在人员正常作业范围之内；

3）用人力移动物体时，尽量做水平移动；

4）移动物体时，尽量用重力；

5）椅子、作业台高度适宜；

6）合理的照明、通风换气。

（3）使用的设备、工具：

1）尽可能使用工具、夹具，代替徒手操作；

2）尽可能使用专用工具；

3）把操作杆、手把设置在身体不移动就能进行操作的地方；

4）需要用力操作的手把，与手的接触面积尽量大些。

在制定作业标准时，要特别明确规定出一些动作要点，强调违背了这些动作要点就不安全，就不能生产出高质量产品，就不能高效率地完成生产任务。

制定出作业标准后，要对职工进行教育和训练，让职工认识到习惯作业不科学、不安全，自觉地按作业标准进行生产操作。只进行一次教育和训练是不够的，要经常监督、检查、反复教育、反复训练。国内许多企业通过开展群众性的安全活动来推广标准化作业，取得了较好的效果。

4.5.2　安全合理的作业现场布置

在生产作业现场，除了机器设备的不安全状态外，生产所用的原料、材料、半成品、产品、工具和边角废料等，如果放置不当（位置不当、放置方法不当）也会构成物的不安全状态。例如，日本 1977 年制造业中发生的约 9 万起因物的不安全状态所造成的事故中，约 15.3% 是由于物的放置不当引起的，约 0.7% 是由于作业环境方面的问题引起的。

日本的工业企业自 20 世纪 50 年代起就开展一种 5S 活动，即操行、整理、整顿、清洁、清扫。后来，随着安全生产状况，特别是人员素质的变化，5S 变成了 4S，去掉了操行，保留了整理、整顿、清洁、清扫。4S 中的整理、整顿直接与创造安全的作业现场相关联。整理，是把作业现场内的物品分清哪些有用，哪些无用，把无用的东西从作业现场清理出去；整顿，是把作业现场内有用的东西有条不紊地摆放整齐，并且在摆放时要考虑到使用时的取放方便，一旦需要时很容易找到。整理、整顿的目的，在于消除作业现场的混乱状况。

我国的一些企业推行"定置管理"、"定位管理"。其中的物定置，根据"要用的东西随手可得，不用的东西随手可丢"的原则，把不同类型、不同用途和不同性质的物品放在指定的位置或区域，使人员做到忙而不乱。危险品定存量，对存放易燃易爆或有毒有害物品的部位或工序规定其存放量，避免和严禁超量存放。为加强定置管理许多企业还绘制了定置管理图。

在考虑作业现场的安全合理布置时，应该注意如下问题：

（1）设备布置与工艺流程应该一致。这样，可以避免不必要的搬运作业，避免在过道或地面上堆放大量的原材料或半成品。

（2）设置通道、出入口和紧急出口，并保持其畅通无阻。通道两侧应划上白线或设置围栏以示区别；通道尽量取直，避免弯角，平时要经常打扫，清除油污、灰尘。

（3）明确规定原材料、半成品堆放地点；危险物品用多少领多少，并妥善保管。

（4）放置物品时，把重物放在地上，轻物可以放在架上。

（5）立体堆积的原材料、半成品不要堆积过高，堆积高度不得超过底边宽度的3倍。

4.5.3　安全点检

安全点检是安全检查的一种，其检查的重点对象是作业现场中物的因素，其目的在于发现物的不安全状态，以便及早采取措施消除物的不安全状态。

设备、工具等随着使用时间的增加会磨损、腐蚀、老化，甚至发生故障。因此，每隔一定时间要进行认真检查，及时发现异常状况、及时排除是非常重要的。然而比单纯的维持设备机能更重要的是，通过安全点检探讨设备、操作方法本身是否还有改进的余地。

由于安全点检是调查作业现场的设备、工具等是否存在不安全状态，所以安全点检应由最熟悉作业现场情况的人员进行。操作者在每日开始作业之前，应该对自己使用的设备、工具、安全装置及防护用品等进行检查。班组长、车间主任、安全员应该经常对自己负责范围内的作业场所、设备、工具、安全装置及防护用品等进行检查。企业领导、职能部门应该定期地对全厂的设备、工具、作业条件进行检查。

安全点检是日常生产作业的一部分，应该经常地进行。但是，根据被检查对象的具体情况，安全点检的时间间隔是不同的，有些设备或设备的某些部分的性能几乎不随时间变化，或者虽有变化对安全生产没有重要影响，则点检间隔时间可以长些；反之，对安全生产影响重大的，应该每天作业前进行一次点检。安全点检时间要预先定好，然后按计划认真执行。

为了避免进行安全点检的人的主观因素的影响，应该规定安全点检的判别标准，以客观地衡量被检查对象是否有问题。例如，美国的化工企业中设有安全点检标准委员会，定期地研究点检标准，使其水平不断提高，跟上生产技术进步的步伐。

为了保证安全点检的效果，应该掌握有关被检查对象的丰富知识，了解设备运转过程中哪个部分会发生什么问题，哪个地方容易出故障，使安全点检真正抓到点子上。安全点检过程中，安全管理人员要针对某一点的情况，听取有关人员的反映，必要时应该利用仪器、仪表测定参数，经过听、看、测，做出正确的判断。为了防止漏检某些项目，可以事前制定安全检查表，然后按照安全检查表上列出的项目进行检查。使用安全检查表时，容易事无巨细把所有项目等同起来，忽略了对重点项目的重点检查，在实际工作中应该注意。

安全点检中发现的问题要立即解决，一时不能解决的，也要做出计划，按期解决。否则，安全点检就失去了意义。

4.5.4　作业服装

作业服装的作用，在于针对寒暑变化而调节体温，保证健康以及防止人体受到外界危险因素的伤害。但是，由于作业服装选择或穿用不正确而导致伤害事故的情况也屡见不鲜。例如，袖口肥大的工作服被机器的旋转部分挂住而使人员受伤，系在脖子上的毛巾被机器挂住使人员被勒死等。一般地，满足安全要求的作业服装的选择及穿用应该符合下列原则：

（1）工作服应该紧身、轻便。肥大的工作服容易被机械运动部分挂住或绞住，夹克式服装较安全。工作服应该没有口袋、或有一二个小口袋，不要有没用的褶、带等。

（2）工作服绽线、破损的地方要立即缝好。

（3）工作服要经常清洗。当工作服弄上油或易燃性溶剂时，要立即清洗，以免引火烧身。

（4）操纵机械时，应该戴上工作帽，把头发完全罩住，以免头发被绞入机器引起伤害。

（5）在工作场所严禁赤脚、穿拖鞋、凉鞋、草鞋等，以免扎脚、砸脚、烫脚。在装卸作业中，70%的事故是由于脚站得不稳，使身体失去平衡引起的。在有可能滑倒的地面上工作时，应该穿防滑鞋（靴）。为了避免掉落的物体把脚砸伤，应该穿护趾安全鞋。一般地，适合作业穿用的鞋应该具备下述性能：

· 物体掉落在脚上时能保护脚部不受伤害；

· 在光滑地面上行走时防滑；

· 踩在尖锐物体上能防止扎脚；

· 重量轻；

·不妨碍操作。

（6）禁止半裸作业。在炎热的夏季，或高温作业的条件下，有些工人光膀子、穿短裤作业，使大部身体暴露出来，很容易受到烫伤等伤害。

（7）禁止把容易引起燃烧、爆炸的东西，尖锐的东西放在工作服口袋里，以免伤害自身和他人。

（8）禁止机械作业时戴领带、围巾，或把毛巾系在脖子上、挂在腰间。

（9）禁止戴手套在机械的回转部分操作。

（10）正确地使用防护用品。根据生产作业性质，要求利用一定的防护用品，如安全帽、安全带等。在作业时一定要正确地佩戴防护用品，如戴安全帽时要系好帽带，防止坠落时安全帽脱落，起不到保护作用；安全带的一端要按规定挂在牢固的地方等。

4.6　企业安全管理制度

2002 年颁布、2014 年修订的《中华人民共和国安全生产法》（简称《安全生产法》），要求企业必须依法建立安全生产管理制度。

1963 年国务院发布、1978 年重申的《关于加强企业生产中安全工作的几项规定》，要求企业建立安全生产责任制、安全技术措施计划、安全生产教育、安全生产的定期检查和伤亡事故的调查和处理等"五项制度"。此后，在"五项制度"的基础上，不同行业、不同地区、不同企业根据安全生产管理工作的具体情况，制定和落实必要的安全生产管理制度。以下简要介绍安全生产责任制、安全生产教育制度和安全生产检查制度。

4.6.1　安全生产责任制度

为了实施安全对策，必须首先明确由谁来实施的问题。在我国，在推行全员安全管理的同时，实行安全生产责任制度。

根据我国"生产经营单位负责、职工参与、政府监管、行业自律、社会监督"的安全生产工作机制，生产经营单位——企业是安全生产责任主体，政府是安全生产监管责任主体。

作为安全生产责任主体，企业必须建立、落实安全生产责任制度。所谓安全生产责任制度，就是企业各级领导、职能部门、工程技术人员和生产操作人员在各自的职责范围内，对安全生产负责的制度。

安全生产责任制是企业岗位责任制度的一个组成部分，是企业安全管理制度的核心。这种制度把安全管理和生产经营管理从组织领导方面统一起来，以制度的形式固定下来，使企业各级领导和广大员工分工协作，事事有人管，层层有专责。

4.6.1.1 企业领导的安全生产责任

根据《关于加强企业生产中安全工作的几项规定》，企业的各级领导人员在管理生产的同时，必须负责管理安全工作，认真贯彻执行国家有关劳动保护的法令和制度，在计划、布置、检查、总结、评比生产的时候，同时计划、布置、检查、总结、评比安全工作（"五同时"）。

《安全生产法》规定，生产经营单位的主要负责人是本单位安全生产的第一责任者，对安全生产工作全面负责，其主要的安全生产责任有以下几个方面：

（1）建立健全安全生产责任制；

（2）组织制订安全生产规章制度和操作规程；

（3）保证安全生产投入；

（4）督促检查安全生产工作，及时消除事故隐患；

（5）组织制定并实施事故应急预案；

（6）及时、如实报告生产安全事故；

（7）组织制订并实施本单位安全教育和培训计划。

我国实行"一把手"负责制为核心的安全生产责任制度。除了企业主要负责人之外，企业各级一把手都要担负安全生产的第一责任。

根据"管生产的必须管安全"和"谁主管谁负责"的原则，企业分管生产或分管某一方面工作的各级领导应该承担生产或该方面工作的主要安全责任。

根据"党政同责、一岗双责、齐抓共管"的原则，企业中的各级党组织也要担负起安全生产责任。

4.6.1.2 安全管理部门的安全生产责任

企业中的生产、技术、设计、供销、运输、财务等各业务部门，都应该在各自业务范围内，对实现安全生产的要求负责。其中，安全管理部门是企业领导在安全生产工作方面的助手，负责组织、推动和检查督促本企业安全生产工作的开展。

《安全生产法》规定，企业安全生产管理机构以及安全生产管理人员的职责包括：

（1）组织或者参与拟订本单位安全生产规章制度、操作规程和生产安全事故应急救援预案；

（2）组织或者参与本单位安全生产教育和培训，如实记录安全生产教育和培训情况；

（3）督促落实本单位重大危险源的安全管理措施；

（4）组织或者参与本单位应急救援演练；

（5）检查本单位的安全生产状况，及时排查生产安全事故隐患，提出改进安全生产管理的建议；

（6）制止和纠正违章指挥、强令冒险作业、违反操作规程的行为；

（7）督促落实本单位安全生产整改措施。

4.6.1.3 员工的安全生产责任

《安全生产法》的规定，从业人员在生产过程中应当：

（1）严格遵守安全生产规章制度和操作规程，服从管理，正确佩戴和使用劳动防护用品；

（2）接受安全生产教育和培训，掌握本职工作所需的安全生产知识，提高安全生产技能，增强事故预防和应急处理能力；

（3）发现事故隐患或者其他不安全因素，应当立即向现场安全生产管理人员或者本单位负责人报告。

4.6.2 安全生产教育制度

根据《关于加强企业生产中事故预防工作的几项规定》，企业必须认真地对新工人进行安全生产的入厂教育、车间教育和现场教育，并且经过考试合格后才能准许其进入操作岗位；对于特殊工种的工人，必须进行专门的安全操作技术训练，经过考试合格后才能准许操作；必须建立安全活动日和在班前班后会上布置、检查安全生产情况等制度，对职工进行经常的安全教育，并注意结合职工文化生活，进行各种安全生产的宣传活动；在采用新的生产方法，添增新的技术、设备，制造新的产品或调换工人工作的时候，必须对工人进行新操作法和新工作岗位的安全教育。

《安全生产法》规定，企业应当对从业人员进行安全生产教育和培训，保证从业人员具备必要的安全生产知识，熟悉有关的安全生产规章制度和安全操作规程，掌握本岗位的安全操作技能，了解事故应急处理措施，知悉自身在安全生产方面的权利和义务，未经安全生产教育和培训合格的从业人员，不得上岗作业；应当建立安全生产教育和培训档案，如实记录安全生产教育和培训的时间、内容、参加人员以及考核结果等情况；采用新工艺、新技术、新材料或者使用新设备，必须了解、掌握其安全技术特性，采取有效的安全防护措施，并对从业人员进行专门的安全生产教育和培训；特种作业人员必须按照国家有关规定经专门的安全作业培训，取得相应资格，方可上岗作业。

目前我国工业企业中开展安全教育的主要形式为三级教育、特种作业人员的专门训练、经常性的安全教育和管理者的安全培训等。

4.6.2.1 三级教育

三级教育制度是企业必须坚持的基本安全教育制度和主要形式。它包括入厂教育、车间教育和岗位教育。

三级教育是对新入厂的或调动工作的工人（包括到工厂参加生产实习的人员和参加劳动的学生）集中一段时间，连续进行入厂教育、车间教育和岗位教育三个级别的教育。

入厂教育又称厂级教育，其主要内容包括介绍企业的安全生产形势，企业安全生产方面的一般情况；介绍企业内特殊危险地点；一般的安全技术知识和伤亡事故发生的主要原因、事故教训，从正反两方面讲解安全生产的重要性，使工人受到初步的安全生产教育。

车间教育的主要内容包括介绍车间的概况，生产性质、生产任务、生产工艺流程，主要设备的特点，安全生产管理组织形式、安全生产规程；车间的危险区域、有毒有害作业的情况，以及必遵守的安全事项；车间的安全生产情况、问题，以及好坏典型事例等。

岗位教育内容包括本班组的生产性质、任务，将要从事的生产岗位的性质、生产责任；将要使用的机器设备、工具的性能、特点及安全装置、防护设施性能、作用和维护方法；本工种安全操作规程和应遵守的纪律制度；保持工作场所整洁的重要性、必要性及应该注意的事项；个人劳动防护用品的正确使用和保管；班组的安全生产情况，预防事故的措施及发生事故后应采取的紧急措施，事故案例教训等。

4.6.2.2　对特种作业人员的专门训练

特种作业是指容易发生事故，对操作者本人、他人的安全健康及设备、设施的安全可能造成重大危害的作业。特种作业的范围由特种作业目录规定，包括电工作业、压力焊作业、高处作业、制冷与空调作业、煤矿安全作业、金属非金属矿山安全作业、石油天然气安全作业、冶金（有色）生产安全作业、危险化学品安全作业、烟花爆竹安全作业等。

直接从事特种作业者，称为特种作业人员。对从事特种作业的人员，要进行专门的安全技术和操作知识的教育和训练，经过国家有关部门考核合格后，发给"特种作业操作证"。特种作业人员在进行作业时，必须随身携带"特种作业操作证"。

特种作业人员的安全培训由取得安全生产培训资质证书的从事特种作业人员安全技术培训的机构进行。培训的内容包括与其所从事的特种作业相应的安全技术理论培训和实际操作培训。特种作业人员经安全技术培训后，经考核合格取得操作证者，方准持证上岗独立作业。

特种作业操作证有效期为6年，一般情况下每3年复审1次，特殊情况下复审时间可以延长至每6年1次。

4.6.2.3　经常性的安全教育

安全教育不能一劳永逸，必须经常不断地进行。经过安全教育已经掌握了的知识、技能，如果不经常使用，可能会逐渐淡忘；随着生产技术进步，生产状况变化，有新的安全知识、技能需要掌握；已经建立起来的对安全工作的浓厚兴趣，随着时间的推移会逐渐淡漠；在生产任务紧急情势下，已经树立起来的"安全第一"思想可能发生动摇，安全意识会降低。因此，必须开展经常性的安全教育。

企业里的经常性安全教育有多种形式。例如，在每天的班前班会上说明安全注意事项，讲评安全生产情况；开展安全活动日，进行安全教育、安全检查、安全装置的维护；召开安全生产会议，专题计划、布置、检查、总结、评比安全生产工作；召开事故现场会，分析造成事故的原因及其教训，确认事故的责任者，制定防止事故重复发生的措施；总结发生事故的规律，有针对性地进行安全教育；组织员工参加安全技术交流，观看安全生产展览、电影、视频；张贴安全生产宣传画、宣传标语，时刻提醒人们注意安全等。

在安全教育中，安全意识、安全态度教育最重要。企业安全工作的一项重要内容就是开展各种安全活动，提高职工的安全意识。

4.6.2.4 管理者的安全培训

管理人员的安全教育是提高企业各级管理人员安全意识和安全管理水平的重要途径。《安全生产法》规定，企业主要负责人和安全生产管理人员必须具备相应的安全生产知识和管理能力，危险物品的生产经营单位和矿山、建筑施工单位的主要负责人及安全生产管理人员必须经考核合格后方可任职。

企业主要负责人和安全管理人员的安全教育由具有相应资质的安全生产教育培训机构实施，经考核合格后持证上岗，每年复训1次。教育内容主要包括国家有关安全生产的方针、政策、法律、法规及标准等；工伤保险方面的法律、法规；企业安全管理、安全技术方面的知识；事故案例及事故应急处理措施等。

4.6.3 安全生产检查制度

《关于加强企业生产中事故预防工作的几项规定》指出，企业除进行经常的安全检查外，每年还应该定期地进行2~4次群众性的检查，这些检查包括普遍检查、专业检查和季节性检查，这几种检查可以结合进行。开展安全生产检查，必须有明确的目的、要求和具体计划，并且必须建立由企业领导负责、有关人员参加的安全生产检查组织，以加强领导，做好这项工作。安全生产检查应该始终贯彻领导群众相结合的原则，依靠群众，边检查，边改进，并且及时地总结和推广先进经验，有些限于物质技术条件当时不能解决的问题，也应制订出计划，按期解决，务必做到条条有着落，件件有交代。这些规定都是搞好安全生产检查的指导原则。

《安全生产法》规定，安全生产管理人员应当根据本单位的生产经营特点，对安全生产状况进行经常性检查；对检查中发现的安全问题，应当立即处理；不能处理的，应当及时报告本单位有关负责人，有关负责人应当及时处理。检查及处理情况应当如实记录在案。

安全检查是安全生产管理工作的一项重要内容，是多年来从生产实践中创造出来的一种好形式，它是安全生产工作中运用群众路线的方法，发现不安全状态和不安全行为的有效途径，是消除事故隐患，落实整改措施，防止伤亡事故，改善安全生产条件的重要手段。

4.6.3.1　安全检查的内容

安全检查的内容，主要是查思想、查管理、查制度、查现场、查隐患、查事故处理。

安全生产检查主要以查现场、查隐患为主，深入生产现场工地，检查企业的劳动条件、生产设备，以及相应的安全卫生设施是否符合安全要求。根据《安全生产法》，企业应当建立健全事故隐患排查治理制度，采取技术、管理措施，及时发现并消除事故隐患。事故隐患排查治理情况应当如实记录，并向从业人员通报。

在查隐患，努力发现不安全因素的同时，应该注意检查企业领导的思想路线。查思想主要是对照党和国家有关安全生产的方针、政策及有关文件，检查企业领导和职工群众对安全生产工作的认识。检查他们对安全生产是否认识正确；是否把员工的安全放在了第一位；特别对安全生产方针以及安全生产法律法规的贯彻执行情况，更应该严格检查。

查安全管理，要检查企业领导是否把安全生产工作摆上议事日程，安全生产责任制、安全教育制度等各项规章制度是否得到落实，企业各职能部门在各自业务范围内是否对安全生产负责，安全专职机构是否健全、发挥安全管理机能情况如何，以及广大群众是否参与安全生产管理活动等。

查事故处理，检查企业对伤亡事故是否及时报告、认真调查、严肃处理；在检查中，发现未按"四不放过"（即事故原因分析不清不放过、事故责任者和群众没有受到教育不放过、没有制订出防范措施不放过、事故责任者没受到处理不放过）的要求草率处理的事故，要重新处理，从中找出原因，采取有效措施，防止类似事故重复发生。

在开展安全检查工作中，各企业可根据各自的情况和季节特点等，做到每次检查的内容有所侧重，突出重点，真正收到较好的效果。

4.6.3.2　安全检查的形式和方法

为了保证安全检查的效果，必须成立一个适应安全检查工作需要的检查组，配备适当的力量。安全检查的规模、范围较大时，由企业领导负责组织安技、工会及有关科室的科长和专业人员参加，在厂长或总工程师带领下，深入现场，发动群众进行检查。属于专业性检查，可由企业领导人指定有关部门领导带队，组成由专业技术人员、安技、工会和有经验的老工人参加的安全检查组。每一次检查，事前必须有准备、有目的、有计划，事后有整改、有总结。

安全检查的形式主要有定期检查、突击检查、特殊检查等。

要使安全检查达到预期效果，必须做好充分准备，包括思想上的准备和业务上的准备。

思想准备主要是发动员工开展群众性的自检活动，做到群众自检和检查组检查相结合，从而形成自检自改、边检边改的局面。

业务准备主要包括确定检查的目的、步骤和方法，抽调检查人员，建立检查组织，安排检查日程；分析过去几年所发生的各类事故的资料，确定检查重点，以便把精力集中在那些事故多发的部位和工种上；运用系统安全工程设计、印制检查表格，以便按要求逐项检查，做好记录，避免遗漏应检的项目，使安全检查逐步做到系统化、科学化。

安全检查是搞好安全管理，促进安全生产的一种手段，其目的是消除隐患，克服不安全因素，达到安全生产。消除事故隐患的关键是及时整改。由于某些原因不能立即整改的隐患，应该逐项分析研究，定具体负责人，定措施办法，定整改时间，限期解决。

思 考 题

4-1　何谓安全管理，安全管理有哪些特殊性？

4-2　安全管理包括哪些基本内容？

4-3　如何掌握企业安全生产状况？

4-4　作业现场的安全管理主要包括哪些内容？

4-5　如何评价安全措施的经济性？

4-6　我国企业安全管理制度中所谓"五项制度"都是什么制度？

4-7　我国安全生产工作机制是什么？

4-8　何谓安全生产责任制，如何落实安全生产责任制？

4-9　安全生产教育制度有哪些，何谓三级安全教育？

4-10　安全检查的内容、方法和形式有哪些？

5 现代安全管理

5.1 现代安全管理概述

5.1.1 管理理论及其发展

管理理论和实践中的一个重要问题，是管理者如何看待人的。马克思曾经指出："人的本质并不是单个人所固有的抽象物，实际上，它是一切社会关系的总和。"我国的社会主义制度，决定了劳动者是企业的主人，然而在实际管理工作中，却不可避免地反映出对人的本质所特有的观点。西方管理理论是以对"人性"的认识为基础的，关于人性的假定不同，相应的管理制度、方法也不相同。下面介绍西方管理理论中关于人性的假定和相应的管理理论。

5.1.1.1 X 理论

科学管理的创始人泰罗（Frederick Taylor）把人看成单纯的"经济人"，认为人的一切活动都是出于经济动机，把管理者和工人的行为本质看成是个人主义的。泰罗的这种观点被称作 X 理论。这种理论认为，人的天性就是好逸恶劳，总是设法逃避工作；人没有什么上进心，宁可听从别人指挥而不愿承担责任；人生下来就以自我为中心，对组织的要求和目标不大关心；人的行为动机是建立在生理需要和安全需要基础上的。所以，往往要用强制、处罚等手段，迫使他们为实现组织目标而工作。人是缺乏理性的，本质上不能自己控制自己而容易受他人影响，只有少数人才具有胜任工作的创造力，才能负起管理责任。因而，相应的管理措施是，以经济报赏来收买工人，对消极怠工者则给予严厉的惩罚，其管理的特征是订立各种严格的管理制度和法规，运用领导的权威和严密的控制体系来保护组织本身，让工人完成组织任务，管理工作只是少数人的事，不让工人参加管理。组织目标能达到何种程度，有赖于管理者如何控制工人。在这种管理方式下工作的工人，其劳动态度是"给多少钱，干多少活"。

5.1.1.2 参与管理理论

曾经主持霍桑实验的美国心理学家梅奥认为人是"社会人"，提出了参与管理理论。他认为，人的工作动机基本上是由于社会需求引起的，并通过同事间的关系得到认同；工业革命和工作合理化使工作本身失去了意义，应该从社会关系方面去寻求工作的意义；群体对人的社会影响力，要比管理者的经济报赏或控制作用更大；人的工作效率取决于管理者满足他的社会需求的程度。

根据这种认识，影响人的行为动机的因素，除了物质利益外还有社会的和心理的因素。并且，把人与人之间的关系看作是调动职工积极性的决定性因素。管理者除了要注意组织目标的完成外，特别要把注意力放在关心人、满足人的需要上。在实施控制或激励之前，应先了解职工对群体的归属感的满足程度。如果管理者不能满足职工的社会需求，他们就会疏远正式组织，而献身于非正式组织。因此，个人奖励制度不如集体奖励制度。管理者的职能中要增加一项内容，即善于倾听和沟通职工的意见，正确处理人际关系。这样，必然导致参与管理。事实在表明，参与管理比任务管理更为有效。因为参与管理改善了管理者与职工之间的对立，并且有利于沟通信息。

5.1.1.3 Y 理论

马斯洛认为，自我实现是人的需要的最高层次，最理想的人是"自我实现的人"。这种人除了社会需求外，还有一种想充分运用自己的能力，实现自己对生活追求的欲望，从而真正感受到生活和工作的意义。

阿吉里斯认为，在人的个性发展方面有一个从不成熟到成熟的发展过程，最后形成一个健康的个性。成熟过程也就是自我实现的过程。他认为，正式组织具有先天禁止人们成熟的功能。正式组织的劳动分工、权力等级、统一指挥和组织控制等，不能适应健康个性发展的需要，妨碍自我实现。他主张扩大职工的工作范围，使职工有从事多种工作的经验，采用参与式的，以职工为中心的领导方式，加重职工的责任，依靠职工的自我控制。管理者应善于促进人的成熟，从而促进人的能力的发挥和效率的提高。

麦格雷戈提出了与 X 理论完全对立的 Y 理论。Y 理论认为，人并非生来就是好逸恶劳的，要求工作是人的本能，人们对工作的好恶取决于工作对他们是一种满足还是一种惩罚；外来的控制与赏罚并不是使人工作的唯一方法，人们为了心目中的目标而工作，能够自我控制；对企业目标的参与程度，与获得成绩的报赏直接相关，自我实现需要的满足是最重要的报赏，能显著地促使人们努力工作；不愿负责任、缺乏雄心大志并非人的天性，往往是本人特殊生活经验产生的结果；大多数人都有相当程度的想象力和创造力，但是人的智力一般只得到部分发挥。于是，应该把管理重点由经济报赏转移到人的作用和工作环境方面。管理者应尽量把工作安排得富有意义，使工人能引以自豪，感到自尊，以利于充分发挥个人的智能和能力。应鼓励人们参与自身目标和组织目标的制定，把责任最大限度地交给他们，相信他们能自觉地迈向组织目标。应该用启发与诱导代替命令与服从，用信任代替监督。

5.1.1.4　权变理论

权变理论出现在 20 世纪 70 年代，它要求既看到各组织中的相似性，也要承认其差异性，在全面、实际的情况下探寻任务、组织与人的协调配合。在企业管理中要根据企业所处的内外条件权宜应变，采取适宜的管理措施，而没有什么普遍适用的最好的管理理论和方法。

美国心理学家西恩提出了"复杂人"的观点，他认为人的需求是多种多样的，而且人的需求是随条件的变化而变化的；人的原有需求与组织经验交互作用，使人获得在组织内行为的动机；在不同组织中，或同组织的不同部门中，人的动机可能不同；不同人的需求和能力是不同的，他们对管理方式的反应也不同。从这种认识出发，管理者不但要洞察职工的个体差异，还要适时地发挥其应变能力和弹性，对不同需要的人，灵活地采用不同的管理措施和方法，不能千篇一律地采用一个固定的模式来管理。

把各种管理理论与马斯洛的需要层次论相比较，可以看出上述几种理论分别对应于人的不同层次的需要（见图 5-1）。

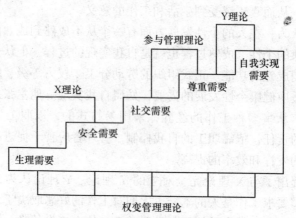

图 5-1　管理理论与需要层次的比较

行为科学家莫尔斯和罗尔施认为，X 理论并非全部错误而毫无用处，Y 理论也并非全部正确而随处可用，应该把 X 理论与 Y 理论结合起来，根据具体情况灵活运用。他们提出的一种"超 Y 理论"认为，人们怀着不同的需要和动机去工作，但最主要的需要是取得胜任感；人人都有取得胜任感的动机，但是不同的人可以用不同的方式来实现，这取决于一个人的这种需要与其他需要之间的相互作用；当工作性质与领导方式相结合时，人们工作的胜任感最能被满足；一个目标达到后，人们的胜任感可以继续被激励，从而为达到更新、更高的目标而努力工作。

超 Y 理论认为，任务和人员的多变性，使任务、组织和人员三者之间的关系显得比较复杂。然而，这种相互关系虽然复杂，管理人员可能采取的最好行动将是整顿组织，使之适合任务和人员。也就是说，超 Y 理论的主要思想是使任务、组织和人员彼此适合。

在我国的企业安全管理实践中，在不同程度上以不同的表现形式反映出关于人性假设对安全管理的影响。例如，一些持"经济人"观点的企业领导者，把满足职工经济需要作为主要激励方式，以扣发奖金或罚款作为主要控制手段；不注意满足职工的精神需要，不相信职工的创造性，很少考虑民主管理和职代会的作用等。在社会主义条件下，如何看待人的本质，如何看待企业中的广大职工，如何保障职工的民主管理权利，如何处理好管理者与被管理者之间的关系，如何选择正确的安全管理方式，是今后安全管理工作中必须解决的重大课题。

5.1.2 现代安全管理的特征

现代安全管理是现代企业管理的一个组成部分，因而它遵循现代企业管理的基本原理和原则，并且具有现代企业管理的共同特征。

马克思主义认为："管理首先是人为达到自己的目的而进行的自觉活动。"现代安全管理的一个重要特征，就是强调以人为中心的安全管理，把安全管理的重点放在激励职工的士气和发挥其能动作用方面。具体地说，就是为了人和人的管理。人是生产力诸要素中最活跃、起决定性作用的因素。所谓为了人，就是把保障职工生命安全当做事故预防工作的首要任务；所谓人的管理，就是充分调动每个职工的主观能动性和创造性，让职工人人主动参与安全管理。

现代安全管理十分注重企业领导者在安全管理中的决定性作用，要求领导者认真贯彻执行"安全第一，预防为主"的安全生产方针，建立起以"一把手"负责制为核心的安全生产责任制。

现代安全管理体现了系统安全的基本思想，以危险源辨识、控制和评价为管理工作的核心。企业要不断改善劳动生产条件，控制危险源，提高企业的安全水平。

现代安全管理的另一个重要特征，是强调系统的安全管理。这就要从企业的整体出发，把管理重点放在事故预防的整体效应上，实行全员、全过程、全方位的安全管理，使企业达到最佳安全状态。

（1）全员参加安全管理。实现安全生产必须坚持群众路线，切实做到专业管理与群众管理相结合，在充分发挥专业安全管理人员骨干作用同时，吸引全体职工参加安全管理，充分调动和发挥广大职工的安全生产积极性。安全生产责任制为全员参加安全管理提供了制度上的保证。近年来还推广了许多动员和组织广大职工参加安全管理的新形式，如安全目标管理等。

（2）全过程安全管理。系统安全的基本原则是，从一个新系统的规划、设计阶段起，就要开始事故预防工作，并且要一直贯穿于整个系统寿命期间内，直到报废为止。在企业生产经营活动的全过程中都要进行安全管理，识别、评价、控制可能出现的危险因素。

（3）全方位安全管理。任何有生产劳动的地方，都会存在不安全因素，都有发生伤亡事故的危险性。因此，在任何时候，从事任何工作，都要考虑其安全问题，进行安全管理。安全管理不仅是专业安全管理部门的事情，必须党、政、工、团齐抓共管。

随着电子计算机普及应用，加速了安全管理信息的处理和流通，使安全管理由定性逐渐走向定量，先进管理经验、方法得以迅速推广。电子计算机的应用成为现代安全管理的重要特征之一。

5.2 安全目标管理

目标管理是让企业管理人员和工人参与制定工作目标，并在工作中实行自我控制，努力完成工作目标的管理方法。目标管理的目的，是通过目标的激励作用调动广大职工的积极性，从而保证实现总目标；目标管理的核心，是强调工作成果，重视成果评价，提倡个人能力的自我提高。目标管理以目标作为各项管理工作的指南，并以实现目标的成果来评价贡献的大小。

美国的杜拉克首先提出了目标管理和自我控制的主张。他认为，一个组织的目的和任务，必须转化为目标，如果一个领域没有特定的目标，则这个领域必然会被忽视；各级管理人员只有通过这些目标对下级进行领导，并以目标来衡量每个人的贡献大小，才能保证一个组织的总目标的实现；如果没有一定的目标来指导每个人的工作，则组织的规模越大，人员越多，发生冲突及浪费的可能性就越大。

杜拉克的主张重点放在了各级管理人员身上。奥迪恩把参与目标管理的范围扩大到整个企业的全体职工，认为只有每个职工都完成了自己的工作目标，整个企业的总目标才能完成。因此，他提出让每个职工根据总目标的要求制定个人目标，并努力达到个人目标；在实施目标管理过程中，应该充分信任职工，实行权限下放和民主协商，使职工实行自我控制，独立自主地完成自己的任务；严格按照每个职工完成个人目标情况进行考核和奖惩。这样，可以进一步激发每个职工的工作热情，发挥每个职工的主动性和创造性。

安全目标管理是目标管理在安全管理方面的应用。它以企业总的安全管理目标为基础，逐级向下分解，使各级安全目标明确、具体，各方面关系协调、融洽，把企业的全体职工都科学地组织在目标体系之内，使每个人都明确自己在目标体系中所处的地位和作用，通过每个人的积极努力来实现企业安全生产目标。

5.2.1 目标设置理论

安全目标管理的理论依据是目标设置理论。根据目标设置理论，人的行为的一个重要特征是有目的的行为。目标是一种刺激，合适的目标能够诱发人的动机，规定行为的方向。通过目标管理，可以把目标这种外界的刺激转化为个人的内在动力，形成从组织到个人的目标体系（见图5-2）。

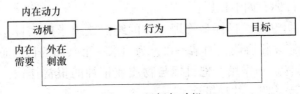

图 5-2　目标与动机

安全目标管理既是一种激励技术，也是广大职工参与管理的形式。

5.2.1.1 高效的组织必然是一个有明确目标的组织

根据管理理论中的定义，组织是一个有意识地协调两个人以上的活动或力量的合作体系，是由为达到共同目标的人所组成的形式。组织的主要特征是，大家为了达成某一特定目标，各自分担明确的任务，在不同的权力分配下，扮演不同的角色。也就是说：

（1）组织必须有一个明确的共同目标，组织中每个成员都是为了达到这个特定的目标而协同劳动。

（2）组织的功能在于协调人们为达到共同目标而进行活动，包括各层次内部和各层次之间的协调。

（3）达到组织目标要讲求效益和效率，要正确处理人、财、物之间的关系，使所有成员的思想、意志和行动，以最经济有效的方式去达到目标。

（4）顺利达到组织目标的关键，是充分调动组织中各层次、每个人的积极性。如果一个组织不能调动人们的积极性，它必然是工作效率极其低下的组织。

5.2.1.2 期望的满足是调动职工积极性的重要因素

目标是期望达到的成果。如果一个人通过努力达到了自己的目标，取得了预期的成果，那么他就期望得到某种"报赏"。这种"报赏"不光是物质上的，更重要的是精神方面的鼓励。因此，为了激励职工持续发挥主动性和创造性，应该在每个职工经过努力取得了某种成就之后，及时地以物质鼓励和精神鼓励形式加以"认可"，使他的期望得到满足。这种"认可"会反作用于职工，使之产生积极的情绪反应，激励其持续不断地、以更高涨的热情投入工作。当一个人经努力达到目标而得不到组织的"认可"时，就会产生一种负反馈，导致职工的工作热情越来越低，工作效率也越来越差。目标管理强调个人目标、部门目标与整个组织的一致性，十分重视对每个人工作成绩的评定，并把这种成果评价同物质鼓励和精神鼓励挂钩，提高组织的工作效率，增强广大职工责任感和满意感。

5.2.1.3　追求较高的目标是职工的工作动力

现代管理理论认为，追求较高目标是每个人的理想和抱负，是每个人的工作动力，因此，只要正确引导，只要真正把每个人的工作热情充分调动起来，每个职工都会尽自己的努力向高标准看齐，向高目标努力。

概括地说，目标有如下作用：

（1）目标指明方向。目标是管理工作的终点或追求的宗旨。目标体系促使各方面的努力能够互相协调，团结一致，为追求一个共同的目标而奋斗。

（2）目标具有激励作用。把目标与物质或精神的报赏挂钩，可以使目标转化为激励因素，调动职工的积极性。

（3）目标促进管理过程。目标的实现将成为控制过程，并可据以确定组织的规模和结构，和相应的领导作风及类型。尤其是计划的制订，不能没有一个预先确立的目标。

（4）目标是管理的基础。目标管理不同于"应急管理"，它可以克服"短期行为"，实行科学的、计划的管理。

5.2.2　安全目标管理的内容

安全目标管理的基本内容是，动员全体职工参加制定安全生产目标，并保证目标的实现。具体地，由企业领导根据上级要求和本单位具体情况，在充分听取广大职工意见的基础上，制定出企业的安全生产总目标，即组织目标，然后层层展开、层层落实，下属各部门以至每个职工根据安全生产总目标，分别制定部门及个人安全生产目标和保证措施，形成一个全过程、多层次的安全目标管理体系（见图 5-3）。

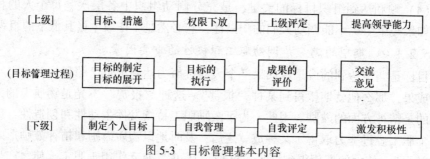

图 5-3　目标管理基本内容

5.2.2.1　制定安全管理目标

安全管理目标对企业的安全管理方向有指引作用，正确的安全管理目标能把企业的安全管理活动引向正确的方向，从而取得较好的效果。目标是否正确，是衡量企业事故预防工作的首要标准。制定安全管理目标时要特别慎重，如果目标不正确，则工作效率再高，也不会得到较满意效果的。

合适的目标能激发人们的动机，调动人们的积极性。根据弗罗姆的期望理论，目标的效价越大，越能激励人心；经过努力实现目标的可能性越大，越感到有奔头。这二者结合得好，目标的激励作用就越大。因此，为充分发挥目标的激励作用应该制定合理的奋斗目标，使广大职工既认识目标的价值，又认识到实现目标的可能性，从而激发大家的信心和决心，为争取目标的圆满实现而共同努力。

制定安全管理目标要有广大职工参与，领导与群众共同商定切实可行的安全管理目标。安全目标要具体，根据实际情况可以设置若干个，例如事故发生率指标，伤害严重度指标、事故损失指标或安全技术措施项目完成率等。但是，目标不宜太多，以免力量过于分散。应将重点工作首先列入目标，并将各项目标按其重要性分成等级或序列。各项目标应能数量化，以便考核和衡量。

企业制定安全管理目标的主要依据是：

（1）国家的方针、政策、法令；

（2）上级主管部门下达的指标或要求；

（3）同类兄弟企业的安全情况和动向；

（4）本厂情况的评价，如设备、厂房、人员、环境情况等；

（5）历年本厂工伤事故情况；

（6）企业的长远安全规划。

5.2.2.2 展开安全管理目标

安全管理目标确定之后，还要把它变成各科室、车间、工段、班组和每个职工的分目标。这一点是非常重要的，否则安全管理目标只能压在少数领导人和安全管理人员身上，无法变成广大职工的奋斗目标和实际行动。因而，企业领导应把安全管理目标的展开过程，变成动员各部门和全体职工为实现企业的安全目标而努力奋斗的过程。

在把安全管理目标展开时，应注意下面的问题；

（1）要使每个分目标与总目标密切配合，直接或间接地有利于总目标的实现；

（2）各部门或个人的分目标之间要协调平衡，避免相互牵制或脱节；

（3）各分目标要能够激发下级部门和职工的工作积极性，充分发挥其工作能力，应兼顾目标的先进性和实现的可能性。

系统图法是一种常用的安全管理目标展开法，它是将价值工程中进行机能分析所用的机能系统图的思想和方法应用于安全目标管理的一种图表方法。

为了达到某种目标，选择某种措施。为了采用这种措施，又必须考虑其下一层次上应采用的措施。这样，上一层次的措施对于下一层次来说就成了目标。应用系统图法展开安全管理目标的方法是，下一级为了保证上一级目标的实现，需要运用一定的手段和方法，找出本部门为实现目标必须解决的关键问题，并针对这个关键问题制订相应的措施，从而确定本部门的目标以及措施，这样一级一级地向下展开，直到能够进行考核的一层，车间一般展开到生产班组，科室展开到个人，形成目标管理体系（见图5-4）。

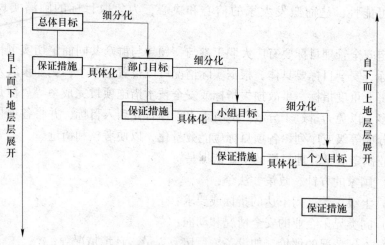

图 5-4　目标体系示意图

安全管理目标展开后，实施目标的部分应该对目标中各重点问题编制一个"实施计划表"。实施计划表中，应包括实施该目标时存在的问题和关键，必须采取的措施项目、要达到的目标值、完成时间、负责执行的部门和人员，以及项目的重要程度等。编制实施计划表是实行安全目标管理的一项重要内容。

安全管理目标确定之后，为了使每个部门的职工明确工厂为实现安全目标需要采取的措施，明确在进行安全目标管理时，部门之间的配合关系，厂部、车间、工段和班组都要绘制安全管理目标展开图，以及班组安全目标图。

5.2.2.3　实施目标

实施目标阶段是完成预定安全管理目标的阶段，其主要工作内容包括三个部分：

（1）根据目标展开情况相应地对下级人员授权，使每个人都明确在实现总目标中自己应负的责任，行使这些权力，发挥主动性和积极性去实现自己的工作目标。

（2）加强领导和管理，主要是加强与下级的意见交流以及进行必要的指导等。实施过程中的管理，一方面需要控制、协调，另一方面需要及时反馈。在目标完成以前，上级对下级或职工完成目标计划的进度进行检查，就是为了控制、协调、取得信息并传递反馈。

（3）严格按照实施计划表上的要求进行工作，目的是为了在整个目标实施阶段，使得每一个工作岗位都能有条不紊地、忙而不乱地开展工作，从而保证完成预期的各项目标值。实践证明，实施计划表编制得越细，问题分析得越透，保证措施越具体、明确，工作的主动性就越强，实施的过程就越顺利，目标实现的把握就越大，取得的目标效果也就越好。

5.2.2.4 评价成果

在达到预定期限或目标完成后，上下级一起对完成情况进行考核，总结经验和教训，确定奖惩，并为设立新的目标、开始新的循环做准备。

成果的评价必须与奖励挂钩，使达到目标者获得物质的或精神的奖励。要把评价结果及时反馈给执行者，让他们总结经验教训。

评价阶段是上级进行指导、帮助和激发下级工作热情的最好时机，也是发扬民主管理、群众参加管理的一种重要形式。

当然，安全目标管理也有其局限性。例如，有些工作很难设置具体的、定量的目标；由于伤亡事故发生的随机性质，以伤亡人数为基础的安全目标值很难合理地确定等。这些问题需要在今后的安全管理实践中研究解决。

5.3 安全管理模式

安全管理模式是在一定时期内指导企业安全管理工作的，包括目标、原则、方法、措施等的综合安全管理体系。自20世纪80年代鞍山钢铁公司较早提出"0123"安全管理模式之后，许多企业学习、推广了这种安全管理模式，还有许多企业根据自己企业的特点，提出了自己的安全管理模式，如抚顺西露天矿的"三化五结合"模式等，有效地推动了企业安全管理工作的发展。

安全管理模式是在总结企业长期安全管理经验的基础上，将现代安全管理理论与事故预防工作实践相结合的产物，它具体地体现了现代安全管理的理论和原则。现有的安全管理模式具有如下特征：

（1）安全管理模式抓住了企业事故预防工作的关键问题。企业的事故预防工作千头万绪，最关键的是控制人的行为问题。由于技术、经济条件制约，企业的生产作业远没有实现本质安全，只能主要依靠控制人的行为来防止伤亡事故。由于历史方面的原因，企业中违章指挥、违章作业时有发生，以人的不安全行为为主要原因的伤亡事故占有较大比例。如何规范人的行为、控制人的行为，是企业安全管理工作必须解决的问题。

（2）强调"一把手"在安全生产中的关键作用。企业、部门的一把手全面负责安全生产问题，是安全生产责任制的核心。"安全好不好，关键在领导"。

只有一把手对安全生产全面负责，才能真正把安全放在第一位，在安全生产方面的决策具有权威性，各方面能认真执行，能够调动各方面的力量，搞好安全生产。

（3）推行标准化作业。针对大多数企业中生产操作基本上是习惯作业，不科学、不安全的实际情况，应大力推广标准化作业，用作业标准来规范人的行为。

（4）推行目标管理、全面安全管理。在各种安全管理模式中设置事故预防工作目标，实行目标管理，并且遵循全面安全管理的原则，调动方方面面的积极性，突出以人为核心的安全管理，把人的内在潜力发挥出来，实现安全生产的目的。

（5）在强调控制人的行为同时，努力改善生产作业环境。在现有的企业安全管理模式中，"0123"安全管理模式和"三化五结合"安全管理模式较著名。

5.3.1　"0123"安全管理模式

1989年，鞍山钢铁公司提出了"0123"安全管理模式。"0123"安全管理模式，概括起来说，是以"事故为零"为目标，以"一把手"负责制为核心的安全生产责任制为保证，以标准化作业、安全标准化班组建设为基础，以全员教育、全面管理、全线预防为对策的安全管理模式。

5.3.1.1　事故为零

"事故为零"指所有职工都以伤害事故为零作为奋斗目标，开展目标管理，保障自己和他人在生产经营活动中的安全卫生，确保生产经营活动中的安全卫生，确保生产经营活动的稳定顺行。其具体做法如下：

（1）制定目标。根据公司的总目标和安全部门代表公司制定的具体工作目标与对策，各单位、各部门发动群众制定自己的目标、措施。如，有的单位提出"重伤事故为零"的目标、措施；有的单位提出"轻伤事故为零"的目标；有的单位分阶段实现"轻伤事故为零"的目标。

（2）目标展开。多层次展开目标，层层开展PDCA（即计划、实施、检查、处理的管理工作）循环。各单位各层次都将自己的目标管理展开图贴在墙上，使措施的责任单位（部门）、责任人、措施完成时间、验收部门与责任人、检查反馈、评价考核制度一目了然。

（3）实施目标。采用多种措施保证目标实现，各单位创造了许多成功的管理经验和适合本单位特点的管理方法。例如："五道防线"、"安全管理十八招"、"安全管理十四法"、"双向管理法"、"定位管理法"等。除管理措施外，还广泛开展安全技术科研攻关和小改小革活动，公司建立了一整套安全检查和安全信息反馈体系，实行日抽查、周小结、月评比、季普查表奖、年全面总结表奖的制度，实行宏观控制。

（4）评价考核。按目标、对策的实现情况，认真评价考核，坚持奖惩分明，精神和物质奖励相结合，保证安全目标管理的认真实施。

在开展安全目标管理中，应坚持严明职责、严密制度、严肃纪律和严格考核的从严治厂原则，运用强制手段保证安全目标的顺利实现。

5.3.1.2　"一把手"负责制为核心的安全生产责任制

"一把手"负责制为核心的安全生产责任制，指各级党政工团的第一负责人共同对安全生产负主要责任；企业各管理和技术部门实行专业管理、分兵把口、齐抓共管；各工作和生产岗位人员，人人负起安全生产责任。

"一把手"负责制指企业各级组织机构的党政工团第一负责人（即"一把手"）都对职权范围内的安全生产全面负责。这是因为，安全生产在生产经营活动中居第一的位置，就必须"一把手"管。只有"一把手"管，才能迅速果断决策安全生产重大问题，才能调动全员认真管安全生产、才能统筹全局，改变企业的安全生产状况。

作为"一把手"管安全，主要表现在以下几方面：

（1）厂长（经理）要懂安全生产，抓安全生产；党委书记要善于做安全生产中的思想政治工作；工会主席要懂得实现安全生产是保护职工最大最根本的利益的道理，监督检查安全生产。

（2）"一把手"把工厂的安全生产工作方针、目标化为职工"我要安全"、"我会安全"的觉悟和技能，抓现场的安全文明生产，创造浓厚的安全生产风气，并培养职工的安全习惯。

（3）"一把手"妥善处理安全生产中出现的重大问题和发生的矛盾，并教会各级安全生产负责人管理安全生产，尤其管好现场安全。

（4）选用干部要选择懂安全生产、抓安全生产的人，并把会不会抓安全生产作为是否任用干部的重要否决条件。

5.3.1.3　标准化作业和安全标准化班组

鞍山钢铁公司以标准化活动的形式推广标准化作业。标准化作业活动的全部内容包括制定作业标准、落实作业标准和对作业标准实施进行监督考核。其具体做法如下：

（1）加强领导，建立标准化组织体系。企业成立标准化领导机构，由企业的主要领导负责，分管领导和有关部门参加，领导标准化工作；同时成立标准化管理机构，统筹规划，组织、协调、指导标准化工作。

（2）大力开展标准化作业的宣传教育，有针对性地解决干部群众的认识问题。

（3）开展安全意识评价活动。组织各单位、各部门人人评、层层评价，通过安全意识评价和大讨论，引导广大职工认清标准化作业是自我防护的最好措施，自觉与习惯作业决裂，促进由"要我安全"向"我要安全"、"我会安全"的转变。

（4）组织经常性学习训练，克服习惯作业，不断提高标准化作业意识和标准化作业技能。

（5）对标准化作业的实施加强检查，严格考核。建立标准化作业检查制度和考核制度，实行经常性检查和定期检查制度。采取逐级考核、定量考核、定期考核、考核结果与经济责任制挂钩的方式，发挥经济杠杆的作用。

（6）注意发现和培养先进典型经验，以点带面，推进标准化作业活动步步深入。

班组是企业最基层的生产单位，是企业有机整体的细胞，是精神文明建设和物质文明建设的前沿阵地，也是企业一切工作的落脚点。

搞好班组建设，对提高企业整体素质，保持企业的旺盛活力，完成生产经营目标具有十分重要的意义。

安全标准化班组建设是企业班组建设的一个重要方面。安全标准化班组建设，就是以"事故为零"为目标，以加强班组安全全面管理，提高企业整体素质为主要内容，采取各种有效形式开展达标活动，实现个人无违章，岗位无隐患，班组无事故的目的。

标准化作业是以作业标准去规范生产活动中的行为，主要是控制个体行为问题，而安全标准化班组建设是控制群体行为，实现班组生产作业条件安全的问题。通过全面加强班组安全管理，提高班组成员的群体素质，提高班组生产作业条件的安全水平，既能保证标准化作业的落实，消除人的不安全行为，又能改善生产作业条件，消除物、环境的不安全因素。这样，同时抓好标准化作业和安全标准化班组，就能有效地控制事故的发生。

标准化班组的基本条件如下：

（1）班组长要经过安全培训考试合格，具备识别危险、控制事故的能力；班组成员要有"安全第一"的意识，"我管安全"的责任，"我保安全"的任务。

（2）熟练掌握本岗位安全技术规程和作业标准，做到考试合格上岗，并百分之百地贯彻执行规程和标准。

（3）开好班前会、过好安全活动日、开展标准化作业练兵、安全教育等。

（4）做到工具、设备无缺陷和隐患；安全防护装置齐全、完好、可靠；作业环境整洁良好，安全通道畅通，安全标志醒目，正确使用、佩戴个体防护用品。

（5）危险源要有标志，对危险控制有措施，责任落实到人。

（6）班组有考核制度，严格考核、奖罚分明。

(7) 实现个人无违章，岗位无隐患，班组无事故，安全生产好。

5.3.1.4 全员教育、全面管理、全线预防

全员教育、全面管理、全线预防是实现安全生产的具体对策，它体现了事故预防工作必须全员参加、全方位管理、全过程控制的原则。

全员教育指对企业的全体职工（从厂长到工人）及其家属的安全教育。安全生产是全体职工的事，必须发动群众、依靠群众。对企业领导到每名职工乃至家庭都要进行教育，提高整体的安全意识和安全技能，培养良好的安全习惯。

全面管理是对生产过程中的人、工艺、设备、环境等因素进行安全管理。通过推行标准化作业消除不安全行为；制定先进合理的工艺流程，搞好工序衔接，优化工艺技术；搞好设备维修消除设备缺陷，开展查隐患、查缺陷、搞整改活动，完善安全防护装置，实现物的安全；开展群众性的整理、整顿、整齐、整洁活动，改善生产作业环境。

全线预防应针对企业生产经营各条战线，每条战线的各个层次中存在的危险源进行识别、评价和控制，通过多重控制形成多道安全生产防线。

5.3.2 "三化五结合"安全管理模式

1989 年，抚顺西露天矿提出了"三化五结合"安全管理模式。"三化"指行为规范化、工作程序化、质量标准化；"五结合"指传统管理与现代管理相结合、狠反三违（违章指挥、违章作业、违反劳动纪律）与自主保安相结合、奖罚与思想教育相结合、主观作业与技术装备相结合、监督检查与超前防范相结合。

5.3.2.1 "三化"

（1）行为规范化。制定由领导到工人的行为规范、安全作业规程，作为职工必须遵守的行为准则，规范人的行为。

（2）工作程序化。工作程序化是作业标准的一种，它把职工每天的工作划分为上班、班前、出工、施工、收工、下班、班后七个步骤，对每个步骤都规定了具体工作内容和注意事项，要求职工严格执行。

（3）质量标准化。质量标准化是指机械设备、生产环境和技术装备及工程质量等满足规定要求的性能。为了实现质量标准化，首先应建立技术标准、工作标准、管理标准体系，使质量标准化工作走向规范化；其次是进行质量标准化教育，并组织工程质量、隐患整改、文明生产大会战，狠抓治理工作。

5.3.2.2 "五结合"

"五结合"是为实现行为规范化、工作程序化、质量标准化应遵循的管理工作原则和工作方法。它符合唯物辩证法。

（1）传统管理与现代管理相结合。传统管理是指依靠法规、规程等强制手段为主的管理；现代管理是指安全目标管理、系统安全管理等以职工参与管理为特征的管理。

（2）狠反"三违"与自主保安相结合。在采取强制措施狠反违章指挥、违章作业、违反劳动纪律的同时，开展自尊、自爱、自教的安全教育，使职工由"领导要我安全"变为"我要安全、我会安全、我做安全"。

（3）奖罚与思想教育相结合。在实行奖罚的同时，结合职工实际，进行思想教育工作。在经常性的安全思想教育中，注意职工的思想状态和情绪变化，做深入细微的思想工作，做好受处罚人员的帮教工作，消除逆反心理。

（4）主观作用与技术装备相结合。在发挥人的主观能动作用的同时，改善技术装备和作业条件。

（5）监督检查与超前防范相结合。在作业前和作业过程中进行监督检查，及时发现不安全问题；对于存在的不安全问题及时采取措施解决，实现超前防范。

5.4　企业安全文化

5.4.1　企业文化与 Z 理论

威廉·大内最早提出了企业文化概念。他在对比了 20 世纪 70 年代美、日的代表性企业后，发现由于企业文化的不同，生产经营效果有很大差异，企业文化在企业经营管理中起着重要作用。他主张把文化概念自觉地应用于企业，把具有丰富创造性的人作为管理理论的中心。

威廉·大内强调组织管理的文化因素。认为组织在生产力上不仅需要考虑技术和利润等硬性指标，而且还应考虑软性因素，如信任、人与人之间的密切关系和微妙性等。此后，在管理学界逐渐形成了注重管理活动文化特征的企业文化学派。

1981 年他出版了《Z 理论》一书，提出了 Z 理论。Z 理论是有关在企业中建立信任、微妙性和人与人之间的亲密性的一种学说，其精髓在于关心人、理解人、相信人、尊重人、培养人。企业时刻关心职工的利益，职工也就会关心企业的前途和命运，从而造就一种合宜的工作气氛，达到职工与企业的一体化。Z 理论要求管理者应注意协调、融洽职工之间、干群之间的人际关系，关心职工的生活，理解职工的需要，相信职工的能力，尊重职工的人格，并多方提供机会，使职工个人有得以不断发展的可能。这样，职工的高层次需要就能得到满足，因而也就能达到激励工作积极性的目的。

X 理论和 Y 理论体现了西方的管理原则，而 Z 理论则强调在组织管理中加入东方的人性化因素，是东西方文化和管理哲学的碰撞与融合。

企业文化包括组织文化和个人文化。组织的特征和态度构成组织文化，而组织的特征表现在组织结构方面；个人的特征和态度构成个人文化，个人的文化主要指个人的素养、教养。提高个人的素养、教养需要长时间的努力。

企业文化是伴随企业而生的客观现象，是在一定历史条件下，在生产经营和管理过程中逐渐形成的，是企业成员所共享的价值观念、信念和行为规范的总和。企业文化的核心是以人为本，关心人、重视人、尊重人、调动人的积极性。

企业文化具有导向功能、凝聚功能、激励功能、约束功能。它不仅对企业组织的运转是一种必不可少的润滑剂，而且能够创造良好的组织气氛和组织环境，从观念、信仰层次调动组织成员的工作积极性和忠诚心。通过企业文化影响全体员工的行为模式，形成一种无形的力量，确保企业发展目标实现。

现代组织文化理论认为，在此之前企业当然有文化，但是现在把文化作为一种成功的资源；文化不是速成的；文化可以被改变，但是需要时间、努力，并且总是不能以计划的方式结束；我们可以影响文化，而不能控制文化；文化工作需要贯彻于整个组织，不是自上而下的过程；沟通是非常重要的；关键在于达成共识。

5.4.2 核安全文化

核电站是一种危险性很高的大规模复杂系统，核电站的安全运行一直受到全世界瞩目。1986 年国际核安全咨询组（International Nuclear Safety Advisory Group, INSAG）总结了切尔诺贝利核电站事故在安全管理和人员安全素养方面的经验教训，并首次使用了安全文化（safety culture）一词。

1988 年国际核安全咨询小组提出了以安全文化为基础的安全管理原则，实现安全的目标必须渗透到核电站进行的一切活动中去。1991 年国际核安全咨询小组出版了《安全文化》INSAG-4，系统地阐述了安全文化的定义、安全文化的基本特征和内容，以及安全文化建设等问题。1993 年国际原子能机构、联合国粮农组织、国际劳工组织、经合组织核能机构、泛美卫生组织和世界卫生组织等制定了《国际电离辐射和辐射源安全基本标准》，把安全文化作为一项经营管理要求，要求企业建立并保持安全文化。

国际核安全咨询小组提出的以安全文化为基础的安全管理模型如图 5-5 所示。该安全管理模型包括安全评价和确认（safety assessment and verification）、安全文化、经过考验的工程实践（proven engineering practices）、规程（procedures）、活动（activities）五方面的内容。其中，安全文化是安全管理的基础。在选择、运用经过验证的工程实践过程中，在制定、执行规程过程中，以及进行生产活动的过程中要进行监测和控制，以防止偏离预定的标准。从这个意义上说，该模型又是一个质量保证（quality assurance）体系。

图 5-5 以安全文化为基础的安全管理

（1）安全评价和确认。在工厂建设和运行之前必须进行安全评价，通过安全评价确认核电站的安全程度。通过安全评价系统地研究结构、系统或元素的故障，预测这些故障可能导致的后果，从而发现设计中的缺陷。进行安全评价要有评价的书面报告并专门审查；根据新的安全资料不断更新安全评价报告。

（2）安全文化。核工业对安全文化的定义是：安全文化是存在于单位和个人中的种种特性和态度的总和，它建立一种超出一切之上的观念，即核电站的安全问题由于其重要性而必须得到应有的重视。

根据核安全咨询小组的定义，安全文化是指从事涉及工厂安全活动的所有人员的奉献精神和责任心。

安全文化是一个包括安全决策、管理体制、工作作风和知识水平在内的总体概念。需要特别注意的是，安全文化既是体制的也是态度的；安全文化涉及组织和个人两方面，即组织的安全文化和个人的安全文化。个人的安全文化指人员的安全教养、安全素质，对人员的安全教育。

首先是上层管理人员必须重视安全问题，制定和贯彻实施安全方针，这不仅取决于正确的实践而且取决于他们营造的安全意识氛围；明确责任和建立联络；制定合理的规程并要求严格遵守这些规程；进行内部安全检查；特别是，按照安全操作要求和人员的素质情况训练和教育职工。

这些问题对于基层生产单位和直接从事操作的人员尤其重要。重点应放在教育人员掌握他们使用的装置和设备的基本知识，了解安全限制和违反的结果。这些职工的态度应该直率，以保证关于安全的信息可以自由地沟通，特别是当出现失误时鼓励他们承认。通过这些措施可以使安全意识渗透到所有的人员，使人员保持清醒的头脑，防止自满，力争最好，以及增进人员的责任感和自我安全意识。

（3）经过验证的工程实践。运用已经经过试验或工程实践验证的技术，由经过选拔和训练的合格的人员设计、制造、安装装置、设备，使之符合有关各种规范、标准。在整个系统寿命期间内都要采用经过验证的工程技术。

（4）规程。制定并执行各种操作程序、作业标准和技术规范、标准。

该事故预防模型突出了人员的安全教育在事故预防中的重要性，反映了现代事故预防的新观念。

（5）活动。要根据企业的具体情况开展恰当的安全活动，推动企业安全文化的发展。

（6）质量保证。质量是产品、过程或服务满足规定要求的特性和特征的总和，它包括产品质量和工作质量。产品质量特性一般包括性能、寿命、可靠性、安全性、适应性、经济性等；工作质量一般包括人员的质量意识、业务能力、各项工作指标、工作制度以及人们在贯彻和执行这些标准、制度的严谨程度等。产品质量是工作质量的综合反映，工作质量是产品质量的标准。

企业对为达到或实现质量的所有职能和活动的管理称为质量管理，质量管理主要包括质量保证和质量控制两个部分。

质量保证是使人们确信质量所必需的全部有计划的系统活动，目的在于确保用户和消费者对质量的信任；质量控制是企业内部为保证质量而采取的技术和组织措施。质量保证是质量控制的补充，它比质量控制涉及的问题更广泛，需要满足许多特殊的要求。

5.4.3　企业安全文化及其特征

企业安全文化是企业文化的组成部分。

自 20 世纪 90 年代起安全文化从核安全领域逐渐推广到一般工业安全领域，安全文化建设已经成为企业安全管理的重要内容。我国在 2008 年颁布了《企业安全文化建设导则》（AQT 9004—2008），指导企业安全文化建设。该导则定义企业安全文化是被企业组织的员工群体所共享的安全价值观、态度、道德和行为规范组成的统一体。

企业安全文化的特征表现在安全价值观、安全工作领导落实、安全责任明确、学习型安全工作和安全贯穿一切活动五个方面（见图 5-6）。

（1）安全价值观。

1）安全第一、安全优先表现在文件、沟通和决策中；

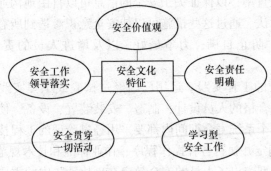

图 5-6　安全文化的特征

2) 资源配置时优先考虑安全；

3) 安全在经营策略中的重要性反映在经营计划中；

4) 人员充分认识到安全和生产是相辅相成、不可分割的；

5) 处理安全问题的超前和长效的观点反映在决策中；

6) 有意识的安全行为是被社会认可和支持的（无论正式的或非正式的）。

(2) 安全工作领导落实。

1) 上层管理部门被授权负责安全；

2) 明确所有层次的管理部门都负责安全；

3) 在有关安全的活动中显示管理部门的领导作用；

4) 系统地提高领导水平；

5) 管理部门保证有充足的、称职的人员；

6) 管理部门努力让人员参与改进安全的工作；

7) 把安全的实质看作是改变管理的过程；

8) 管理部门持续努力，在组织内部公开透明和良好沟通；

9) 必要时管理部门有能力化解矛盾；

10) 管理部门和人员之间相互信任。

(3) 安全责任明确。

1) 与权威机构关系良好，保证安全责任获得批准；

2) 规则和责任规定明确并被理解；

3) 严格遵守规程和程序；

4) 管理部门授权使之能够履行职责；

5) 组织的各个层面和所有人员安全责任清晰。

(4) 学习型安全工作。

1) 组织的各个层面都具有质疑的态度；

2) 鼓励公开报告偏离和失误；

3) 开展包括自评价在内的内部和外部评价；

4）运用组织的和运行的经验（无论内部还是外部的）；

5）通过学习提高识别和诊断偏离，提出办法并解决问题，以及监测改进效果的能力；

6）跟踪、判断趋势，评估和实现安全绩效指标；

7）系统地提升人员能力。

（5）安全贯穿一切活动。

把安全贯穿到组织的一切活动当中。

5.4.4　安全文化建设

根据《企业安全文化建设导则》，企业安全文化建设是通过综合的组织管理等手段，使企业的安全文化不断进步和发展的过程。

企业安全文化建设包括物质、制度、精神三个层次的文化建设。

企业在安全文化建设过程中，应充分考虑民族文化、地域文化和组织内部文化的特征，引导全体员工的安全态度和安全行为，实现在法律和政府监管要求之上的安全自我约束，通过全员参与实现企业安全生产水平持续进步。

企业安全文化不是自发形成的，它是企业领导人通过细致的思想政治工作和各种管理措施的潜移默化、定向引导的产物。企业领导是建设企业安全文化的关键。

企业安全文化建设是一个长期的、渐进的过程。

根据国际核安全咨询小组的《安全文化》INSAG-4，安全文化建设的基本内容包括决策层承诺、管理层承诺和个人承诺三个方面（见图5-7）。

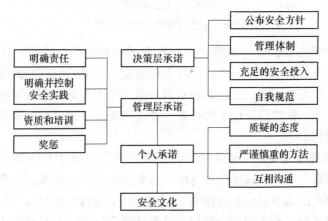

图5-7　安全文化建设的基本内容

（1）决策层承诺。决策层的安全承诺体现其安全价值观和追求卓越的精神。在决策时优先考虑安全，分配充足的安全投入。制定安全方针，并向公众公布；

180

建立独立的梯级安全监督机构；明确各级部门（从营运者到安全监督）的安全职责；提供安全所需的充足、称职的人力资源；自我行为规范。

（2）管理层承诺。管理层在进行生产或工程进度方面的决策时，把安全放在优先的位置；明确规定各级的责任和分工；重视员工的培训和资格审查；定期评审安全性能和指标；设立独立的机构审查安全问题；奖罚分明。

（3）个人承诺。员工个人持有质疑的工作态度；采用严谨慎重的工作方法，养成相互沟通、交流的工作习惯。

根据《企业安全文化建设导则》，企业组织安全文化建设的总体模式如图5-8所示。企业安全文化建设的基本要素包括安全承诺、行为规范与程序、安全行为激励、安全信息传播与沟通、自主学习与改进、安全事务参与和审核与评估。

图5-8   安全文化建设的总体模式

（1）安全承诺。企业应该建立由与安全相关的愿景、使命、目标和价值观构成的安全承诺。企业的领导者应该对企业的安全承诺做出有形的表率；各级管理者应该对企业安全承诺的实施起到示范和推进作用；员工应该充分理解和接受企业的安全承诺，并结合岗位工作任务实践这种安全承诺。企业应该将组织的安全承诺传达到相关方。

（2）行为规范与程序。企业的行为规范是安全承诺的具体体现和安全文化建设的基础要求。企业应该确保拥有能够达到和维持安全绩效的管理系统，建立清晰界定的组织结构和安全职责体系，有效控制全体员工的行为。程序是行为规范的重要组成部分。企业组织应该建立必要的程序，以满足对组织安全活动的所有方面进行有效控制的目的。

（3）安全行为激励。企业在审查自身安全绩效时，除使用事故发生率等消极指标外，还应该使用旨在对安全绩效给予直接认可的积极指标。员工应该受到鼓励，对员工所识别的安全缺陷，组织应该给予及时处理和反馈。企业宜建立员工安全绩效评估系统，应该建立将安全绩效与工作业绩相结合的奖励制度。企业宜在内部树立安全榜样或典范，营造安全行为和安全态度的示范效应。

（4）安全信息传播与沟通。企业应该建立安全信息传播系统，综合利用各种传播途径和方式，提高传播效果。企业应该优化安全信息的传播内容，将安全经验和思想作为传播内容的组成部分。企业应该就安全事项建立良好的沟通程序，确保企业与政府监管机构和相关方、各级管理者与员工、员工相互之间的沟通。

（5）安全事务参与。全体员工都应该认识到自己负有对自身和同事安全做出贡献的重要责任。员工对安全事务的参与是落实这种责任的最佳途径。

（6）审核与评估。企业应该对自身安全文化建设情况进行定期的全面审核。

5.5 职业安全健康管理体系

20 世纪末，职业安全健康问题受到世界各国的重视，人们认识到防止事故必须从加强管理入手，而加强管理必须建立并完善管理体系。许多国家相继制定、颁布了自己的职业安全健康管理体系标准，开展职业安全健康管理体系认证工作。

1999 年英国联合挪威船级社等机构制定并颁布了 OHSAS18001：1999《职业健康安全管理体系规范》，次年颁布了 OHSAS18002：2000《职业健康安全管理体系指南》。我国在 2001 年制定颁布了《职业健康安全管理体系规范》（GB/T 28001—2001）。2007 年 BS OHSAS 18001：2007《Occupational Health and Safety Management Systems—Requirements》颁布，取代 OHSAS18001：1999。相应地，我国于 2011 年颁布了《职业健康安全管理体系要求》（GB/T 28001—2011）/OHSAS 18001：2007，代替 GB/T 28001—2001。

现代职业安全健康管理体系包含许多新的安全管理理念，充分体现了系统安全的思想，并使经过实践证明行之有效的现代安全管理方法更加系统化。

5.5.1 职业安全健康管理体系的要素

职业安全健康管理体系的基本思想是实现职业安全健康管理体系持续改进，通过周而复始地进行"计划、实施、监测、评审（PDCA）"活动，使企业安全健康管理体系功能不断加强。它要求组织在实施职业安全健康管理体系时，始终保持持续改进意识，对体系进行不断修正和完善，最终实现预防和控制工伤事故、职业病和其他损失的目标。它主要包括职业安全健康方针、计划、实施与运行、检查与纠正措施、管理评审等要素（见图 5-9）。

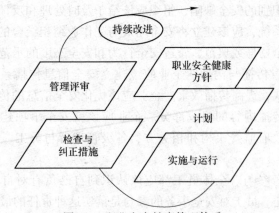

图 5-9 职业安全健康管理体系

（1）职业安全健康方针。企业应该有一个经最高管理者批准的职业安全健康方针，以阐明整体职业安全健康目标和改进职业安全健康绩效的承诺。职业安全健康方针应该适合企业职业安全健康特点、危险性质和规模，包括对持续改进的承诺、对遵守国家有关职业安全健康法律、法规和其他要求的承诺，要形成文件并传达到全体员工，使每个人都了解其在职业安全健康方面的义务。

（2）计划。企业要制订和实施危险源辨识、评价和控制计划；制订遵守职业安全健康法律和法规的计划；制订职业安全健康管理目标，逐级分解并形成文件；制订实现职业安全健康目标的管理方案，明确各层次的职业安全健康职责和权限、实施方法和时间安排等。

（3）实施与运行。企业要建立和完善职业安全健康管理机构，落实各岗位人员的职责和权利；教育、培训人员，提高职业安全健康意识与能力；建立信息流通网络，促进职业安全健康信息的交流；形成、发布、更新、撤回书面或电子形式的文件。利用工程技术和管理手段进行危险源辨识、评价和控制；制定应急预案，在事故或紧急情况下应急响应。

（4）检查与纠正措施。企业对职业安全健康绩效进行监测和测量；调查、处理异常和事故，采取纠正和预防措施；标识、保存和处置职业安全健康记录、审核和评审结果；定期审核职业安全健康管理体系。

（5）管理评审。企业最高管理者应定期对职业安全健康管理体制进行评审，以确保体系的持续实用性。根据评审的结果，不断变化的客观环境和对持续改进的承诺，提出需要修改的方针、目标以及职业安全健康管理体系的其他要素。

5.5.2 现代职业安全健康管理体系的特征

职业安全健康管理体系是系统化、结构化、程序化的管理体系，是遵循 PDCA 管理模式并以文件支持的管理制度和管理方法。

5.5.2.1 企业高层领导人必须承诺不断加强和改善职业安全健康管理工作

企业高层领导人在事故预防中起着关键性的作用，现代职业安全健康管理体系强调企业高层领导人在职业安全健康管理方面的责任。要求企业的最高领导人制定职业安全健康方针，对建立和完善职业安全健康管理体系、不断加强和改善职业安全健康管理工作做出承诺。

5.5.2.2 危险源控制是职业安全健康管理体系的管理核心

以危险源辨识、控制和评价为核心，是现代职业安全健康管理体系与传统职业安全健康管理体系最本质的区别。

在过去的数十年里形成的传统的安全健康管理体系，基本上以消除人的不安全行为和物的不安全状态为中心。20世纪60年代以后发展起来的系统安全更新了人们的安全观念。系统安全的观点认为，系统中存在的危险源是事故发生的根本原因；系统中的危险源不可能被完全根除，因而总是有发生事故的危险性，绝对的安全并不存在。系统安全的基本内容就是辨识系统中的危险源，采取措施消除和控制系统中的危险源，使系统安全。系统安全工程是实现系统安全的手段，危险源辨识、控制和评价构成系统安全工程的基本内容（见图5-10）。

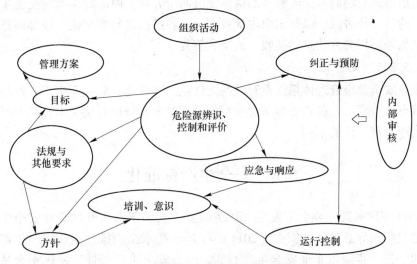

图 5-10 职业安全健康管理体系的核心

5.5.2.3 职业安全健康管理体系的监控作用

职业安全健康管理体系具有比较严密的三级监控机制，应充分发挥其自我调节、自我完善的功能，为体系的运行提供有力的保障。

（1）绩效测量。包括对企业的职业安全健康的日常检查和职业安全健康目标、法规遵循情况的监控，以及事故、事件、不符合的监控和调查处理。

（2）审核。职业安全健康管理体系审核是集中发现问题并集中解决问题的一种有效手段，其对职业安全健康管理体系的运行状况做出评价，并判定企业的职业安全健康管理体系是否符合标准要求。审核中发现的问题有些可立即解决，有些需汇报给最高管理者，由决策者来解决。

（3）管理评审。它由最高管理者组织进行，将一些管理层解决不了的问题、关系企业大政方针的问题，集中在一起由决策层加以解决。管理评审对企业内外的变化，对体系的适用性、有效性和充分性做出判断，做出相应的调整。

5.5.2.4　职业安全健康管理体系"以人为本"

职业安全健康管理体系注重以人为本，充分利用管理手段调动和发挥人员的安全生产积极性。

（1）机构和职责是职业安全健康管理体系的组织保证。要建立和健全职业安全健康管理机构，明确企业内部全体人员的职业安全健康职责。

（2）职业安全健康工作需要全体人员的参与，这就需要对人员进行教育和培训，以使他们具备较高的安全意识和相应的能力。

（3）协商与交流是职业安全健康管理体系的重要要素。只有在顺畅的职业安全健康信息交流的基础上才能保证职业安全健康管理体系的成功运行。协商与交流包括内部的协商与交流和外部信息交流两个方面。内部的协商与交流主要是指员工的参与和协商，以及组织内部各部门、各层次之间的交流。外部信息交流主要是指外部相关方信息的接收、成文和答复。

5.5.2.5　文件化

职业安全健康管理体系注重管理的文件化。文件是针对企业生产、产品或服务的特点、规模、人员素质等情况编写的管理制度和管理办法文本，是开展职业安全健康管理工作的依据。

5.6　安全生产标准化

2011 年国务院安委会下发了《国务院安委会关于深入开展企业安全生产标准化建设的指导意见》（安委〔2011〕4 号），要求全面推进企业安全生产标准化建设，进一步规范企业安全生产行为，改善安全生产条件，强化安全基础管理，有效防范和坚决遏制重特大事故发生。之后，国家安全监管总局等部门下发了一系列有关推进企业安全生产标准化建设的文件，制定了诸多行业的安全生产标准化规范、指南、细则和评分标准。

根据国家安全生产监督管理总局发布的《企业安全生产标准化基本规范》（AQ/T 9006—2010），安全生产标准化是通过建立安全生产责任制，制定安全管理制度和操作规程，排查治理隐患和监控重大危险源，建立预防机制，规范生产行为，使各生产环节符合有关安全生产法律法规和标准规范的要求，人、机、物、环处于良好的生产状态，并持续改进，不断加强企业安全生产规范化建设。

安全生产标准化的一般要求包括原则、建立和保持、评定和监督3个方面。

（1）原则。企业开展安全生产标准化工作，遵循"安全第一、预防为主、综合治理"的方针，以隐患排查治理为基础，提高安全生产水平，减少事故发生，保障人身安全健康，保证生产经营活动的顺利进行。

（2）建立和保持。企业安全生产标准化工作采用"策划、实施、检查、改进"的动态循环模式，依据《企业安全生产标准化基本规范》的要求，结合自身特点，建立并保持安全生产标准化系统；通过自我检查、自我纠正和自我完善，建立安全绩效持续改进的安全生产长效机制。

（3）评定和监督。企业安全生产标准化工作实行企业自主评定、外部评审的方式。企业应当按照有关评分标准，对开展安全生产标准化工作情况进行自主评定；自主评定后申请外部评审定级。安全生产标准化评审分为一级、二级、三级，一级为最高。安全生产监督管理部门对评审定级进行监督管理。

安全生产标准化的核心要求包括目标，组织机构和职责，安全生产投入，法律法规与安全管理制度，教育培训，生产设备设施，作业安全，隐患排查和治理，重大危险源监控，职业健康，应急救援，事故报告、调查和处理，绩效评定和持续改进13个方面。

5.6.1 目标

企业根据自身安全生产实际，制定总体和年度安全生产目标。按照所属基层单位和部门在生产经营中的职能，制定安全生产指标和考核办法。

5.6.2 组织机构和职责

企业应该按规定设置安全生产管理机构，配备安全生产管理人员。企业主要负责人应该按照安全生产法律法规赋予的职责，全面负责安全生产工作，并履行安全生产义务。企业应该建立安全生产责任制，明确各级单位、部门和人员的安全生产职责。

5.6.3 安全生产投入

企业应该建立安全生产投入保障制度，完善和改进安全生产条件，按规定提取安全费用，专项用于安全生产，并建立安全费用台账。

5.6.4 法律法规与安全管理制度

（1）法律法规、标准规范。企业应该建立识别和获取适用的安全生产法律法规、标准规范的制度，明确主管部门，确定获取的渠道、方式，及时识别和获取适用的安全生产法律法规、标准规范。将适用的安全生产法律法规、标准规范及其他要求及时传达给从业人员。应该遵守安全生产法律法规、标准规范，并将相关要求及时转化为本单位的规章制度，贯彻到各项工作中。

（2）规章制度。企业应该建立健全安全生产规章制度，并发放到相关工作岗位，规范从业人员的生产作业行为。

安全生产规章制度至少应该包含安全生产职责、安全生产投入、文件和档案管理、隐患排查与治理、安全教育培训、特种作业人员管理、设备设施安全管理、建设项目安全设施"三同时"管理、生产设备设施验收管理、生产设备设施报废管理、施工和检维修安全管理、危险物品及重大危险源管理、作业安全管理、相关方及外用工管理，职业健康管理、防护用品管理，应急管理，事故管理等。

（3）操作规程。企业应该根据生产特点，编制岗位安全操作规程，并发放到相关岗位。

（4）评估。企业应该每年至少一次对安全生产法律法规、标准规范、规章制度、操作规程的执行情况进行检查评估。

（5）修订。企业应该根据评估情况、安全检查反馈的问题、生产安全事故案例、绩效评定结果等，对安全生产管理规章制度和操作规程进行修订，确保其有效和适用，保证每个岗位所使用的为最新有效版本。

（6）文件和档案管理。企业应该严格执行文件和档案管理制度，确保安全规章制度和操作规程编制、使用、评审、修订的效力；建立主要安全生产过程、事件、活动、检查的安全记录档案，并加强对安全记录的有效管理。

5.6.5 教育培训

（1）教育培训管理。企业应该确定安全教育培训主管部门，按规定及岗位需要，定期识别安全教育培训需求，制订、实施安全教育培训计划，提供相应的资源保证；并做好安全教育培训记录，建立安全教育培训档案，实施分级管理，并对培训效果进行评估和改进。

（2）安全生产管理人员教育培训。企业的主要负责人和安全生产管理人员，必须具备与本单位所从事的生产经营活动相适应的安全生产知识和管理能力。法律法规要求必须对其安全生产知识和管理能力进行考核的，须经考核合格后方可任职。

（3）操作岗位人员教育培训。企业应该对操作岗位人员进行安全教育和生产技能培训，使其熟悉有关的安全生产规章制度和安全操作规程，并确认其能力符合岗位要求。未经安全教育培训，或培训考核不合格的从业人员，不得上岗作业。

新入厂（矿）人员在上岗前必须经过厂（矿）、车间（工段、区、队）、班组三级安全教育培训。

在新工艺、新技术、新材料、新设备设施投入使用前，应该对有关操作岗位人员进行专门的安全教育和培训。

操作岗位人员转岗、离岗一年以上重新上岗者，应该进行车间（工段）、班组安全教育培训，经考核合格后，方可上岗工作。

从事特种作业的人员应该取得特种作业操作资格证书，方可上岗作业。

（4）其他人员教育培训。企业应该对相关方的作业人员进行安全教育培训。作业人员进入作业现场前，应由作业现场所在单位对其进行进入现场前的安全教育培训；对外来参观、学习等人员进行有关安全规定、可能接触到的危害及应急知识的教育和告知。

（5）其他人员教育培训。企业应该采取多种形式的安全文化活动，引导全体从业人员的安全态度和安全行为，逐步形成为全体员工所认同、共同遵守、带有本单位特点的安全价值观，实现法律和政府监管要求之上的安全自我约束，保障企业安全生产水平持续提高。

5.6.6 生产设备设施

（1）生产设备设施建设。企业建设项目的所有设备设施应该符合有关法律法规、标准规范要求；安全设备设施应该与建设项目主体工程同时设计、同时施工、同时投入生产和使用。

企业应该按规定对项目建议书、可行性研究、初步设计、总体开工方案、开工前安全条件确认和竣工验收等阶段进行规范管理；生产设备设施变更应该执行变更管理制度，履行变更程序，并对变更的全过程进行隐患控制。

（2）设备设施运行管理。企业应该对生产设备设施进行规范化管理，保证其安全运行。

企业应该有专人负责管理各种安全设备设施，建立台账，定期检维修。对安全设备设施应该制订检维修计划。设备设施检维修前应该制订方案。检维修方案应该包含作业行为分析和控制措施。检维修过程中应执行隐患控制措施并进行监督检查。

安全设备设施不得随意拆除、挪用或弃置不用；确因检维修拆除的，应该采取临时安全措施，检维修完毕后立即复原。

（3）新设备设施验收及旧设备拆除、报废。设备的设计、制造、安装、使用、检测、维修、改造、拆除和报废，应该符合有关法律法规、标准规范的要求。

企业应该执行生产设备设施到货验收和报废管理制度，应该使用质量合格、设计符合要求的生产设备设施。拆除的生产设备设施应该按规定进行处置。拆除的生产设备设施涉及危险物品的，须制定危险物品处置方案和应急措施，并严格按规定组织实施。

5.6.7　作业安全

（1）生产现场管理和生产过程控制。企业应该加强生产现场安全管理和生产过程的控制。对生产过程及物料、设备设施、器材、通道、作业环境等存在的隐患，应该进行分析和控制。对动火作业、受限空间内作业、临时用电作业、高处作业等危险性较高的作业活动实施作业许可管理，严格履行审批手续。作业许可证应包含危害因素分析和安全措施等内容。

企业进行爆破、吊装等危险作业时，应当安排专人进行现场安全管理，确保安全规程的遵守和安全措施的落实。

（2）作业行为管理。企业应该加强生产作业行为的安全管理。对作业行为隐患、设备设施使用隐患、工艺技术隐患等进行分析，采取控制措施。

（3）警示标志。企业应该根据作业场所的实际情况，按照《安全标志及其使用导则》（GB 2894—2008）及企业内部规定，在有较大危险因素的作业场所和设备设施上，设置明显的安全警示标志，进行危险提示、警示，告知危险的种类、后果及应急措施等；在设备设施检维修、施工、吊装等作业现场设置警戒区域和警示标志，在检维修现场的坑、井、洼、沟、陡坡等场所设置围栏和警示标志。

（4）相关方管理。企业应该执行承包商、供应商等相关方管理制度，对其资格预审、选择、服务前准备、作业过程、提供的产品、技术服务、表现评估、续用等进行管理；建立合格相关方的名录和档案，根据服务作业行为定期识别服务行为风险，并采取行之有效的控制措施。

企业应该对进入同一作业区的相关方进行统一安全管理。不得将项目委托给不具备相应资质或条件的相关方。企业和相关方的项目协议应该明确规定双方的安全生产责任和义务。

（5）变更。企业应该执行变更管理制度，对机构、人员、工艺、技术、设备设施、作业过程及环境等永久性或暂时性的变化进行有计划的控制。变更的实施应该履行审批及验收程序，并对变更过程及变更所产生的隐患进行分析和控制。

5.6.8　隐患排查和治理

（1）隐患排查。企业应组织事故隐患排查工作，对隐患进行分析评估，确定隐患等级，登记建档，及时采取有效的治理措施。

法律法规、标准规范发生变更或有新的公布，以及企业操作条件或工艺改变，新建、改建、扩建项目建设，相关方进入、撤出或改变，对事故、事件或其他信息有新的认识，组织机构发生大的调整的，应及时组织隐患排查。

隐患排查前应该依据有关安全生产法律、法规要求，设计规范、管理标准、技术标准，以及企业的安全生产目标等制定排查方案，明确排查的目的、范围，选择合适的排查方法。

（2）排查范围与方法。企业隐患排查的范围应该包括所有与生产经营相关的场所、环境、人员、设备设施和活动。应该根据安全生产的需要和特点，采用综合检查、专业检查、季节性检查、节假日检查、日常检查等方式进行隐患排查。

（3）隐患治理。企业应该根据隐患排查的结果，制订隐患治理方案，对隐患及时进行治理。

隐患治理方案应该包括目标和任务、方法和措施、经费和物资、机构和人员、时限和要求。重大事故隐患在治理前应该采取临时控制措施并制订应急预案。隐患治理措施包括工程技术措施、管理措施、教育措施、防护措施和应急措施。治理完成后，应该对治理情况进行验证和效果评估。

（4）预测预警。企业应该根据生产经营状况及隐患排查治理情况，运用定量的安全生产预测预警技术，建立体现企业安全生产状况及发展趋势的预警指数系统。

5.6.9 重大危险源监控

（1）辨识与评估。企业应该依据有关标准对本单位的危险设施或场所进行重大危险源辨识与安全评估。

（2）登记建档与备案。企业应当对确认的重大危险源及时登记建档，并按规定备案。

（3）监控与管理。企业应该建立健全重大危险源安全管理制度，制定重大危险源安全管理技术措施。

5.6.10 职业健康

（1）职业健康管理。企业应该按照法律法规、标准规范的要求，为从业人员提供符合职业健康要求的工作环境和条件，配备与职业健康保护相适应的设施、工具；定期对作业场所职业危害进行检测，在检测点设置标识牌予以告知，并将检测结果存入职业健康档案。

对可能发生急性职业危害的有毒、有害工作场所，应该设置报警装置，制定应急预案，配置现场急救用品、设备，设置应急撤离通道和必要的泄险区。各种防护器具应该定点存放在安全、便于取用的地方，并有专人负责保管，定期校验和维护。应该对现场急救用品、设备和防护用品进行经常性的检维修，定期检测其性能，确保其处于正常状态。

（2）职业危害告知和警示。企业与从业人员订立劳动合同时，应该将工作过程中可能产生的职业危害及其后果和防护措施如实告知从业人员，并在劳动合同中写明；应该采用有效的方式对从业人员及相关方进行宣传，使其了解生产过程中的职业危害、预防和应急处理措施，降低或消除危害后果。对存在严重职业危害的作业岗位，应按照《工作场所职业病危害警示标识》（GBZ158—2003）要求设置警示标识和警示说明。警示说明应载明职业危害的种类、后果、预防和应急救治措施。

（3）职业危害申报。企业应该按规定，及时、如实向当地主管部门申报生产过程存在的职业危害因素，并依法接受其监督。

5.6.11　应急救援

（1）应急机构和队伍。企业应按规定建立安全生产应急管理机构或指定专人负责安全生产应急管理工作；建立与本单位安全生产特点相适应的专兼职应急救援队伍，或指定专兼职应急救援人员，并组织训练；无须建立应急救援队伍的，可与附近具备专业资质的应急救援队伍签订服务协议。

（2）应急预案。企业应该按规定制订生产安全事故应急预案，并针对重点作业岗位制订应急处置方案或措施，形成安全生产应急预案体系。应急预案应该根据有关规定报当地主管部门备案，并通报有关应急协作单位。

应急预案应定期评审，并根据评审结果或实际情况的变化进行修订和完善。

（3）应急设施、装备、物资。企业应该按规定建立应急设施，配备应急装备，储备应急物资，并进行经常性的检查、维护、保养，确保其完好、可靠。

（4）应急演练。企业应该组织生产安全事故应急演练，并对演练效果进行评估。根据评估结果，修订、完善应急预案，改进应急管理工作。

（5）事故救援。企业发生事故后，应该立即启动相关应急预案，积极开展事故救援。

5.6.12　事故报告、调查和处理

（1）事故报告。企业发生事故后，应该按规定及时向上级单位、政府有关部门报告，并妥善保护事故现场及有关证据。必要时向相关单位和人员通报。

（2）事故调查和处理。企业发生事故后，应该按规定成立事故调查组，明确其职责与权限，进行事故调查或配合上级部门的事故调查。

事故调查应该查明事故发生的时间、经过、原因、人员伤亡情况及直接经济

损失等。事故调查组应根据有关证据、资料，分析事故的直接、间接原因和事故责任，提出整改措施和处理建议，编制事故调查报告。

5.6.13 绩效评定和持续改进

（1）绩效评定。企业应该每年至少一次对本单位安全生产标准化的实施情况进行评定，验证各项安全生产制度措施的适宜性、充分性和有效性，检查安全生产工作目标、指标的完成情况。

企业主要负责人应该对绩效评定工作全面负责。评定工作应该形成正式文件，并将结果向所有部门、所属单位和从业人员通报，作为年度考评的重要依据。企业发生死亡事故后应该重新进行评定。

（2）持续改进。企业应该根据安全生产标准化的评定结果和安全生产预警指数系统所反映的趋势，对安全生产目标、指标、规章制度、操作规程等进行修改完善，持续改进，不断提高安全绩效。

5.7 安全管理工作评价

安全管理工作评价又称安全评价、综合安全评价。在我国，人们经常使用术语"安全评价"。其实，涉及安全的评价包括两类评价，即危险性评价（risk assessment）和安全管理工作评价。前者是对一个系统、一个企业、或一个生产过程中的危险源及其控制的评价，其目的在于找出危险源控制的薄弱环节，在事故发生前采取措施降低危险性。后者是对企业安全管理工作，即安全管理工作状况的评价，其目的在于弄清安全管理工作的现状，即实施改进措施后达到的水平，找出存在的问题，主要是管理工作方面的缺陷，从而为今后进一步改进安全管理工作提供依据。

一般地，可以从两个方面评价企业的安全管理工作，即评价实现既定目标的情况，以及客观地评价企业的安全水平。其中，后者具有诊断性评价的意义，在企业中应用较广。

迄今已经开发了许多安全管理工作评价方法。一般地，在选择具体评价方法时应该考虑如下问题：

（1）选择适当的被评价项目及评价基准。被评价的项目应能真实反映企业安全管理工作状况，并能通过对它们的改进推动安全管理工作向前发展。各项目的分数或权重应能反映安全管理工作的进步和改善，反映当前安全管理工作的重点。因而，评价基准、项目分数或权重应根据安全管理工作的发展而变化，不能一成不变。

（2）被评价的项目，即评价内容应该容易被考察及衡量，以便量化。

（3）评价的基准及尺度应该一致，以便相互比较。

（4）评价方法应简单易行，便于推广应用。评价的目的在于使管理者能及时地了解安全管理方面工作的状况，采取有效的改进措施。只要能达到这一目的，方法越简单就越容易为基层管理人员所接受。

下面介绍几种典型的安全管理工作评价方法。

5.7.1　上海冶金局的评价方法

上海市冶金局的秦征坚等同志根据多年管理工作经验，提出了一种安全管理工作评价方法。该方法从安全管理工作状况和伤亡事故情况两个方面，考察工矿企业和车间工段的安全情况。

安全管理工作状况从企业或车间领导对安全重视程度、安全职能部门的工作能力，以及人·机·环境三方面进行评价。伤亡事故情况是安全水平的重要标志，是评价安全管理工作好坏的重要指标。将领导对安全管理的重视程度、安全职能部门的工作能力、人·机·环境和年度工伤事故情况等评价项目分成 9 个等级，然后按下式计算企业或车间的安全性等级：

$$D = \lambda_1 \lambda_2 \sqrt[3]{K_L K_A \frac{K_R + K_S + K_G}{3}} + (1 - \lambda_1 \lambda_2) K_P$$

式中　K_L——领导安全意识等级。它反映领导安全意识强弱、对安全关心程度、贯彻落实安全生产责任制情况。取值情况见表 5-1 。

　　　K_A——安全职能部门工作能力等级。它反映安全职能部门人员配置、工作情况、计划与制度的实施、推行现代安全管理等情况。取值情况见表 5-2 。

　　　K_R——工人素质等级。它反映工人遵守规章制度、操作熟练程度、安全班组活动等情况。取值情况见表 5-3 。

　　　K_S——机械设备安全等级。它反映机器设备的完好程度、维修保养、运行情况、设备管理等情况。取值情况见表 5-4 。

　　　K_G——环境安全等级。它反映生产环境、场地等情况。取值见表 5-5。

　　　K_P——年度工伤事故率等级。它反映工伤事故平均值、工伤事故指标值等情况，取值见表 5-6 。

　　　λ_1——产业（行业）安全性系数，它与企业的行业性质有关。取值情况见表 5-7 。

　　　λ_2——相对安全性系数，它反映企业在同行业中按工艺、自动化等方面比较时的相对安全性系数。取值情况见表 5-8 。

表 5-1 领导对安全的管理

K_L 值	说　明
9	领导安全意识强，实行目标管理好，认真落实各级安全生产责任制
7	领导安全意识较强，能实行目标管理，能实行各级安全生产责任制
5	领导能组织管理，能实行目标管理，实行各级安全生产责任制差
3	领导安全意识差，对事故预防工作持应付态度，不能实行各级安全生产责任制
1	领导无安全意识，对安全问题不闻不问

表 5-2 安全职能部门工作能力

K_A 值	说　明
9	成员配备合理，工作协调主动，制度齐全；计划切实可行，推行现代安全管理
7	成员素质较高，工作主动，制度齐全，有计划，未开展现代安全管理
5	人员缺乏，工作不全面，计划不周，能应付日常工作
3	人员少，工作无计划，素质差，忙于应付，工作被动
1	人员少，组织涣散，形同虚设

表 5-3 工人素质

K_R 值	说　明
9	严格执行规章制度，操作规范，开展安全班组活动和评选活动
7	遵守规章制度，操作熟练，能开展班组活动
5	能遵守制度，偶有违章，班组活动不经常
3	常有违章，无人问津，安全班组活动很少
1	纪律松懈，操作野蛮，无班组活动

表 5-4 机械设备安全

K_S 值	说　明
9	设备完好，润滑良好，运转正常，定期检修，对设备进行全面管理
7	设备完好，保养一般，运转正常，能定期检修，一般管理
5	设备防护装置齐全，保养较差，有时超负荷运行，不定期检查
3	设备防护装置缺，保养差，有的设备带病运行，有抢修维持现象
1	设备防护装置缺残，保养极差或不保养，带病、超负荷运行，抢修应付

表 5-5 环境情况

K_G 值	说　明
9	环境整洁，场地宽敞，无交叉作业区，空气、光线、声音均好

续表 5-5

K_G 值	说　明
7	环境一般，场地较小，无交叉作业区，空气、光线、声音尚可
5	环境较差，场地小而乱，有交叉作业区、空气、光线、声音均不太好
3	环境差，场地乱，交叉作业，空气不好
1	环境脏、乱、差，交叉作业，无安全信道，噪声大，有异味，有毒

表 5-6　年度工伤事故情况

K_P 值	说　明
9	本年度工伤事故率远小于近三年工伤事故平均值，或小于安全指标
7	本年度工伤事故率小于近三年工伤事故平均值，或接近安全指标
5	本年度工伤事故率近似于近三年工伤事故平均值，或稍超过安全指标
3	本年度工伤事故率大于近三年工伤事故平均值，或超过安全指标
1	本年度工伤事故率远大于近三年平均值，或大大超过安全指标

表 5-7　产业安全性系数

λ_1 值	说　明
0.5	公交、矿山、化工、有毒产业
0.6	冶金、建筑等产业
0.7	机电、纺织、轻工等产业
0.8	电子、仪表等产业

表 5-8　相对安全系数

λ_2 值	说　明
0.9	危险性很大
0.95	危险性较大
1.0	一般，综合性大型企业
1.05	危险性较小
1.1	危险性小

　　按该式计算出的安全性指标 D 一般在 1~9 之间。D 值越大，企业或车间的安全性越高（见表5-9）。对于不同的安全性等级，需要采取不同的对策。

表 5-9　安全性指标

D 值	安全等级	说　明	对　策
8~9	1	安全	

续表 5-9

D 值	安全等级	说 明	对 策
7~7.99	2	较安全	
5~6.99	3	一般	
3~4.99	4	较不安全	应全面加强安全管理工作
<3	5	极不安全	停产整顿

5.7.2 机械工厂安全性评价

我国国家机械工业委员会制定了《机械工厂安全性评价标准》，并自 1988 年开始在机械行业企业中推行。

机械工厂安全性评价包括 3 个方面的评价，即综合管理评价、危险性评价和作业环境评价，共有 65 个评价项目，总计 1000 分。其中，综合管理评价主要评价安全管理体系、安全管理工作的有效性和可靠性，预防事故发生的组织措施的完善性，操作者和管理者的安全素质高低及对不安全行为的控制情况。综合管理评价有 14 个评价项目、共 240 分，见表 5-10 。

表 5-10　综合管理评价

序号	评 价 项 目 或 内 容	分数
1	运用现代管理方法管理安全生产，有内容、有形式、有效果	40
2	有长远工作规划、年度计划、安全技术措施计划、厂长任职目标等事故预防工作目标，且保证上级目标实现，有落实情况	12
3	职能部门有安全责任分解指标	5
4	坚持八种形式安全教育，包括三级教育、中层以上干部教育、特种作业人员教育、全员教育、复训教育、变换工种教育、班组长教育、复工教育	57
5	各职能部门有明确的安全生产责任制，有执行效果	15
6	有各种安全生产规章制度并坚持执行	12
7	有各工种操作规程并坚持执行，包括操作规程文本、现场违章操作率、防护用品穿戴不合格率、特种作业人员持证率、安全知识抽试合格率	38
8	安全档案完整	5
9	安全管理图表齐全	5
10	安技部门参加"三同时"审批	10
11	按"四不放过"原则处理事故（含人身险肇事故）	15
12	各级能坚持"五同时"	8
13	按比例提取安措费，合理使用并按计划完成安措项目	10
14	机构人员配备符合规定	8

5.7.3 罗曼与唐纳德评价法

美国的罗曼（Roman Diekemper）与唐纳德（Donald Sparts）提出的企业安全管理工作评价方法，从组织与管理、事故预防措施、防火及工业卫生、安全教育及训练、事故的调查及统计分析 5 个方面评价企业安全管理状况。对每个方面都规定了评价细目及详细的评价基准。按该方法，每项工作按优、良、可、劣 4 级评价，根据各细目的重要性规定了相应的分数。每个方面的满分都是 100 分，权重都是 0.2。最后，根据各方面分数加权求得评价的总分数。表 5-11 为总评价打分表。

表 5-11   总评价打分表

评价项目	优	良	可	劣	权重
A 组织与管理					
1 明确预防对策及责任	20	15	5	0	
2 安全作业规程	17	15	2	0	
3 职工的选择及安排	12	10	2	0	
4 应急计划	18	15	5	0	
5 对有关部门的直接领导	25	10	10	0	
6 工厂的安全规程	8	5	2	0	
合 计					0.2
B 事故预防					
1 生产准备——原料储存等	10	8	4	0	
2 机械设备的防护	20	16	5	0	
3 整个工厂的安全防护	20	16	5	0	
4 设备、工具及保护装置的维护	20	16	5	0	
5 原料的处理	10	8	3	0	
6 个体防护用品	20	16	4	0	
合 计					0.2
C 防火及工业卫生					
1 防止化学事故对策	20	17	6	0	
2 易燃易爆物质对策	20	17	6	0	
3 通风	10	8	2	0	
4 皮肤污染对策	15	10	3	0	
5 防火措施	10	8	2	0	
6 废渣、废水及废气处理	25	20	7	0	

续表 5-11

评 价 项 目	优	良	可	劣	权重
合　计					0.2
D　教育训练及思想工作					
1　基层干部的教育	25	22	10	0	
2　新职工教育	10	5	1	0	
3　作业危险分析	10	8	2	0	
4　关于特种作业的教育、训练	10	7	2	0	
5　内部自检	15	14	5	0	
6　安全活动及宣传	5	4	1	0	
7　干部与群众的思想交流	25	20	5	0	
合　计					0.2
E　事故调查、统计及报告程序					
1　基层干部进行的事故调查	40	32	10	0	
2　事故原因及部位分析、统计	10	8	3	0	
3　机械事故调查	40	32	10	0	
4　事故报告	10	8	3	0	
合　计					0.2

5.7.4　日本的企业安全诊断表

日本劳动灾害防止协会安全评价研究会提出了一种用于评价企业安全管理工作状况的安全诊断表。该安全诊断表包括 9 个大项目，共 14 个细项目，按 A、B、C、D 4 级打分。表 5-12 为其中的一部分。

该方法的出发点在于弄清"为什么会出现这样的结果"，以及"为了获得较高的评价得分今后应采取什么样的对策"。

表 5-12　安全诊断表（片断）

项目	A	B	C	D
安全管理者与基层的沟通	主动积极地交流信息	积极地交流有关信息	收集和交流规定范围的信息	两者间沟通不好
职工安全意识及全员参加安全活动	除 B 的（1）之外，全员参加安全班组活动，使安全问题逐项解决，取得成效	（1）职工安全意识高，安全建议多，安全碰头会上积极发言。 （2）能开展安全班组活动	关心安全，有些人较积极，提安全建议。但是很少开展安全碰头会或安全班组活动	大多数认为"安全是安全科的事"，"安全科多管闲事"，因而不参加安全活动

续表 5-12

项目	A	B	C	D
安全教育训练	安全教育训练取得显著效果	（1）把规定的教育训练、检查指导与岗位练兵结合起来，制订结合实际的教育训练计划。 （2）进行规定以外教育训练并见效果。 （3）与安全班组活动结合，提高教育效果。 （4）对领导干部和管理者的教育不足	（1）依据规定进行教育训练后检查指导。 （2）虽然进行对干部的教育及特殊教育，但与本单位实际结合不好。 （3）进行规定以外的教育训练，但效果不好	（1）只依据规定进行教育训练，平时不进行。 （2）不对干部进行教育，不进行特殊教育

思　考　题

5-1　主要的管理理论有哪些，根据这些管理理论应该如何进行安全管理？

5-2　现代安全管理的主要特征有哪些？

5-3　安全目标管理的基本内容有哪些，安全目标管理与其他领域目标管理有哪些不同？

5-4　何谓安全文化？企业安全文化特征表现在哪些方面？

5-5　怎样建设企业安全文化？

5-6　职业安全健康管理体系的特征有哪些？企业如何建立职业安全健康管理体系？

5-7　安全生产标准化体系的特征有哪些？企业如何建立安全生产标准化体系？

5-8　选择企业安全管理工作评价方法时应该考虑哪些问题？

附录 事故预防工作评价的数学方法

A 综合评价数学模型

安全管理工作评价通过评价能真实反映企业安全管理工作状况的被评价项目来实现。每个被评价项目在安全管理工作评价中所起的作用是不同的。如前所述，各项目的分数或权重应能反映安全管理工作的进步和改善，反映当前安全管理工作的重点。在各项目评价的基础上作出对整个安全管理工作的评价，即由各项目的评价指标得到综合评价指标，需要一些专门的数学处理方法。

a 加权和法

加权和法适用于各项目彼此独立而又可以互相补偿的场合。

设有 n 个被评价项目，各项目的评价指标为 $V_i(i = 1, 2, 3, \cdots, n)$，各项目的权重为 $a_i(i = 1, 2, 3, \cdots, n)$，则综合评价指标为：

$$T = \sum_{i=1}^{n} a_i V_i$$

加权和法因其简单方便而得到了广泛应用。前面介绍的几种评价方法中都采用了加权和法。

在存在着不能用其他项目补偿的项目时，例如对某个被评价项目有个最低要求，如果不达到该最低要求其他项目指标再高也不能补偿的场合，可以使用修正的加权和法。在原有加权和法的基础上设置只取值 0 或 1 的开关值 K：

$$T = K \sum_{i=1}^{n} a_i V_i, \quad K = \prod_{i=1}^{n} k_i$$

式中　k_i——判别各项目是否达到最低要求的开关值，如果达到最低要求则为1，否则为0。

例如，在《机械工厂安全性评价标准》中，按主要危险设备容量及易燃易爆品容量来确定企业的危险等级 T：

$$T = \frac{N_1 C_1 + N_2 C_2 + N_3 C_3}{16}$$

式中　C_1，C_2，C_3——分别表示规定的 3 类危险容量的指标；
　　　N_1，N_2，N_3——分别表示各类危险容量的数目：

$$N_1 = \sum H_{1i}, \quad N_2 = \sum H_{2i}, \quad N_3 = \sum H_{3i}$$

这里 H_{1i}，H_{2i}，H_{3i} 分别表示各类危险容量存在的情况，属于危险容量取值范围为 1，否则为 0。

b　连乘法

连乘法适用于要求各项目均衡的场合。

$$T = \prod_{i=1}^{n} V_i$$

连乘法强调各项目的协调一致性和不可代替性。所谓协调一致性，是指各项目评价指标要均衡得好。例如，根据 5 个项目对 2 个企业进行综合安全评价时，各项目的评价指标及权重列于附表 1。如果使用加权和法，得到的综合评价指标均为 0.6；如果利用连乘法，则

$$T_1 = 0.6^5 \approx 0.078$$

$$T_2 = 0.6 \times 0.8 \times 1.0 \times 0.5 \times 0.1 = 0.024$$

由计算结果可以看出，各项目评价指标比较均匀的第一个企业的综合评价指标，高于各项目评价指标差异较大的第二个企业的综合评价指标（附表 1）。

附表 1　两个企业的项目评价指标

被评价项目	权　重	第一个企业评价指标	第二个企业评价指标
1	0.2	0.6	0.6
2	0.2	0.6	0.8
3	0.2	0.6	1.0
4	0.2	0.6	0.5
5	0.2	0.6	0.1

所谓各项目的不可代替性，是指如果有一个项目的评价指标为 0，则综合评价指标比为 0，其他项目评价指标再高也无济于事，即"一票否决"。

当被评价项目较多时，由于连乘的结果困难使综合评价指标变得很小或很大，实用上很不方便，也容易使人产生错觉。因此，可以在连乘 n 次之后再开 n 次方：

$$T = \sqrt[n]{\prod_{i=1}^{n} V_i}$$

一般地，使用连乘法时，为了强调各项目同等重要而不用加权系数。但是，在需要考虑不同项目的不同作用时，也可以采用加权系数。设第 i 个项目的评价指标为 V_i，权重为 a_i，则综合评价指标按下式计算：

$$T = \prod_{i=1}^{n} V_i^{a_i}$$

或者

$$\lg T = \sum_{i=1}^{n} a_i \lg V_i \qquad \left(\sum_{i=1}^{n} a_i = 1 \right)$$

c 混合法

混合法是混合使用加权和法和连乘法的方法，适用于要求充分表达各项目之间相互关系的场合。例如，第 5.7.1 节提到的上海冶金局的评价方法，在计算等级系数时使用的公式中，对可以互补的项目使用加权和法；对要求协调一致和不可代替的项目使用连乘法：

$$D = \lambda_1 \lambda_2 \sqrt[3]{K_L K_A \frac{K_R + K_S + K_G}{3}} + (1 - \lambda_1 \lambda_2) K_P$$

d 最小二乘法

最小二乘法以各项目评价指标与最高评价指标之差的平方和最小为原则，适用于要求各项目评价指标接近最高评价指标的场合。设最高评价指标为 V_h ，则综合评价指标为

$$T = V_h - \sqrt{\sum_{i=1}^{n} a_i \left(\frac{V_h - V_i}{V_h} \right)^2}$$

B 模 糊 评 价

安全管理工作的评价涉及诸多被评价项目。这些被评价项目不仅数目众多、权重各异，而且它们的状况往往很难用经典的数学方法来描述，即很难量化。例如，企业领导对事故预防工作重视程度就很难衡量，重视或不重视都是相对的、模糊的，只能使用很重视、比较重视、一般、不够重视和不重视之类的模糊概念描述。

1965 年美国的查德（L. A. Zadeh）首先提出了模糊集合的概念，之后模糊数学作为一种定量描述模糊概念的新数学工具得到了广泛地应用。于是，我们可以借助模糊数学的方法来评价企业的事故预防工作。

模糊概念的数学描述是模糊集合。某元素属于某模糊集合的程度称作隶属度，隶属度可以在 ［0，1］ 区间内连续取值。隶属度的数值可以根据经验或统计结果来确定，也可以由专家给出，因而不可避免地带有主观性。有时为了使确定的隶属度更符合实际情况，采取许多专家投票的办法。

事故预防工作模糊评价的基本步骤如下。

a　确定评价项目及其权重

首先确定表明企业安全管理工作状况的全部评价项目（V_1，V_2，V_3，$\cdots$，V_n），构成评价项目集合 V：

$$V = \{V_1,\ V_2,\ V_3,\ \cdots,\ V_n\}$$

各评价项目都从某一个方面反映了企业的安全管理工作状况，但是其影响不尽相同。根据各评价项目所起作用的大小分配其权重，构成权重分配集合 A：

$$A = \{a_1,\ a_2,\ a_3,\ \cdots,\ a_n\}$$

其中，a_1，a_2，a_3，$\cdots$，a_n 分别为评价项目 V_1，V_2，V_3，$\cdots$，V_n 的权重，并且

$$0 \leqslant a_i \leqslant 1;\qquad \sum_{i=1}^{n} a_i = 1$$

有时，一个评价项目 V_i 可以分解为若干评价子项目（V_{i1}，V_{i2}，V_{i3}，$\cdots$，V_{ik}），相应地评价子项目集合 V_i 为：

$$V_i = \{V_{i1},\ V_{i2},\ V_{i3},\ \cdots,\ V_{ik}\}$$

评价子项目的权重分配集合 A_i 为：

$$A_i = \{a_{i1},\ a_{i2},\ a_{i3},\ \cdots,\ a_{ik}\}$$

b　建立评价矩阵

将各评价项目或评价子项目用模糊概念划分为若干等级，如好、较好、中等、较差、差等，请专家对各评价项目或评价子项目属于哪个等级进行投票，计算各等级得票与总票数的相对值。例如，请 100 位专家对评价项目 V_i 的各评价子项目按 5 个等级投票，其中对 V_{i1} 的投票结果列于附表 2。

附表 2　对评价子项目 V_{i1} 的投票结果

投　票	好	较好	中等	较差	差	总　计
票　数	10	20	50	15	5	100
结　果	0.1	0.2	0.5	0.15	0.05	1.00

对 V_{i1} 的投票结果构成评价矩阵的一列，对所有 V_i 的各评价子项目的投票结果构成评价项目 V_i 的投票评价矩阵：

$$R_i = \begin{bmatrix} r_{11} & r_{12} & \cdots & r_{1m} \\ r_{21} & r_{22} & \cdots & r_{2m} \\ \vdots & \vdots & & \vdots \\ r_{k1} & r_{k2} & \cdots & r_{km} \end{bmatrix}$$

考虑各评价子项目 V_i 的权重，得到评价项目 V_i 的评价矩阵：

$$B_i = A_i \circ R_i = \begin{bmatrix} a_{i1} & a_{i2} & a_{i3} & \cdots & a_{ik} \end{bmatrix} \circ \begin{bmatrix} r_{11} & r_{12} & \cdots & r_{1m} \\ r_{21} & r_{22} & \cdots & r_{2m} \\ \vdots & \vdots & & \vdots \\ r_{k1} & r_{k2} & \cdots & r_{km} \end{bmatrix}$$

式中，符号"。"表示先取小之后再取大的运算，例如：

$$[0.2 \quad 0.3 \quad 0.1 \quad 0.4] \circ \begin{bmatrix} 0.5 & 0.4 & 0.1 & 0 \\ 0.4 & 0.4 & 0.2 & 0 \\ 0.3 & 0.7 & 0.2 & 0.1 \\ 0.2 & 0.4 & 0.1 & 0.3 \end{bmatrix} = [0.3 \quad 0.4 \quad 0.2 \quad 0.3]$$

在分别得到各评价项目 V_i 的评价矩阵后，考虑各评价项目 V_i 的权重 a_i ，建立事故预防工作评价矩阵为：

$$C = A \circ B = A \circ \begin{bmatrix} B_1 \\ B_2 \\ B_3 \\ \vdots \\ B_n \end{bmatrix}$$

c　计算评价总得分

将计算得到的矩阵 C 中的各项进行归一化处理，即

$$C_i^{\circledcirc} = \frac{C_i}{\sum_{j=1}^{n} C_j}$$

将安全管理工作的每个评价等级赋予相应的分数 D 。安全管理工作评价总得分 f 为

$$f = C \cdot D$$

参 考 文 献

［1］隋鹏程，陈宝智. 安全原理与事故预测［M］. 北京：冶金工业出版社，1988.

［2］隋鹏程，陈宝智，隋旭. 安全原理［M］. 北京：化学工业出版社，2005.

［3］陈宝智，王金波. 安全管理［M］. 天津：天津大学出版社，1999.

［4］陈宝智. 危险源辨识、控制与评价［M］. 成都：四川科学技术出版社，1996.

［5］崔国璋. 安全管理［M］. 北京：海洋出版社，1997.

［6］傅贵. 安全管理学［M］. 北京：科学出版社，2013.

［7］沈宗灵. 法学基础理论［M］. 北京：北京大学出版社，1995.

［8］方俐洛，等. 劳动心理学［M］. 北京：团结出版社，1988.

［9］小伯德 F-E，洛夫特斯 R-G. 损失控制管理［M］. 沈阳：沈阳出版社，1989.

［10］王宏彰. 管理心理学［M］. 北京：电子工业出版社，1988.

［11］王苏，等. 认知心理学［M］. 北京：北京大学出版社，1992.

［12］骆正. 情绪控制的理论与方法［M］. 北京：光明日报出版社，1989.

［13］刘荣辉，等. 0123 安全管理模式［M］. 北京：新华出版社，1990.

［14］机械电子工业部质量安全司. 机械工厂安全性评价［M］. 北京：机械工业出版社，1990.

［15］王全兴. 中国劳动法［M］. 北京：中国政法大学出版社，1995.

［16］威廉·大内. Z 理论［M］. 北京：机械工业出版社，2007.

［17］中华人民共和国安全生产法（2014 最新修正版）［M］. 北京：法律出版社，2014.

［18］全国人大常委会法制工作委员会. 中华人民共和国安全生产法释义［M］. 北京：法律出版社，2014.

［19］Heinrich H W. Industrial Accident Prevention［M］. McGraw-Hill，1979.

［20］Hammer W. Handbook of System and Product Safety［M］. Englewood Cliffs N J，Prentice-Hall，1972.

［21］Hammer W. Product Safety Management and Engineering［M］. Printice-Hall，Inc，1980.

［22］Green A E. Safety System Reliability［M］. Chichester：John Wily & Sons Ltd，1983.

［23］Diego Andreoni. The Cost of Occupational Accident and Diseases［M］. Geneva：ILO，1985.

［24］Johson W G. The Management Oversight and Risk Tree-MORT［M］. U. S. Government Printing Office，1973.

［25］Swain A D. Guttaman H E. Handbook of Human Reliability Analysis with Emphasis on Nuclear Powerplant Application［M］. NURRG/CR-1278，SAND 80-0200，1983.

［26］Kase D W，Wiese K J. （1990）Safety Auditing. A management Tool Van Nostrand Reinhold，New York，NY，USA.

［27］IAEA. Safety Culture. Safety Series No. 75-INSAG-4，Vienna：1991.

［28］Villemeur A. Reliability，Availability，Maintainability and Safety Assessment［M］. Chichester：John Wiley & Sons，1992.

［29］James T Reason. Managing the Risks of Organizational Accidents［M］. Ashgate Pub

Ltd，1997.

［30］Rasmussen J. Risk Management in A Dynamic Society：A Modelling Problem ［J］. Safety Science，1997，27 (2/3) .

［31］Asfahl C R. Industrial Safety and Health Management ［M］. Prentice Hall，1999.

［32］Willie Hammer，Dennis Price. 职业安全管理与工程 ［M］. 5 版 . 北京：清华大学出版社，2003.

［33］Nancy G Leveson. A New Accident Model for Engineering Safer Systems ［J］. Safety Science，2004，42 (4)：237-270.

［34］Hans-Jurgen Bischoff. Risk in Modern Society Springer Science+Business Media B. V.，2008.

［35］青岛賢司 . 灾害防止科学 ［M］. 幀书店，1970.

［36］青岛賢司 . 安全管理学 ［M］. オ-ム社，1972.

［37］青岛賢司 . 安全教育学 ［M］. オ-ム社，1975.

［38］安田三郎 . 数理社会学 ［M］. 东京大学出版会，1978.

［39］安全工学協会 . 安全工学便覧（改訂）［M］. 东京：コロナ社，1980.

［40］日本建筑学会 . 安全計画の視点 ［M］. 彰国社，1981.

［41］林喜男，等 . 人間工学 ［M］. 日本規格協会，改訂版 1981.

［42］井上威恭 . リスク低减战略 ［M］. 総合安全工学研究所，1985.

［43］野原石松 . 安全管理の实务 ［M］. 総合労働研究所，1989.

［44］芳賀繁，译 . 交通事故はなぜなくならないか—リスク行動の心理学［M］. 新曜社，2007.

冶金工业出版社部分图书推荐

书　名	作　者	定价(元)
中国冶金百科全书·安全环保卷	本书编委会　编	120.00
我国金属矿山安全与环境科技发展前瞻研究	古德生　等著	45.00
系统安全评价与预测（第2版）（本科教材）	陈宝智　主编	26.00
矿山安全工程（第2版）（本科教材）	陈宝智　主编	38.00
安全系统工程（本科教材）	谢振华　主编	26.00
安全评价（本科教材）	刘双跃　主编	36.00
燃烧与爆炸学（第2版）（本科教材）	张英华　主编	32.00
工业通风与除尘（本科教材）	蒋仲安　等编	30.00
产品安全与风险评估（本科教材）	黄国忠　编著	18.00
防火与防爆工程（本科教材）	解立峰　等编	45.00
土木工程安全生产与事故安全分析（本科教材）	李慧民　等编	30.00
土木工程安全检测与鉴定（本科教材）	李慧民　等编	31.00
网络信息安全技术基础与应用（本科教材）	庞淑英　主编	21.00
安全系统工程（第2版）（高职高专教材）	林　友　等编	32.00
安全生产与环境保护（高职高专教材）	张丽颖　主编	24.00
煤矿安全技术与风险预控管理（高职高专教材）	邱　靖　主编	45.00
矿冶企业生产事故安全预警技术研究	李翠平　等著	35.00
安全管理基本理论与技术	常占利　著	46.00
危险评价方法及其应用	吴宗之　等编	47.00
安全生产行政处罚实录	张利民　等编	46.00
安全生产行政执法	姜　威　著	35.00
安全管理技术	袁昌明　编著	46.00
钢铁企业安全生产管理（第2版）	那宝魁　编著	65.00